青少年百科系列丛书●军事科普文库
QINGSHAONIAN BAIKE XILIE CONGSHU ● JUNSHI KEPU WENKU

主编◎郭漫

世界陆军武器图鉴

The Most Famous Troop Weapons Manual

陆军武器可谓家族庞大，
人丁兴旺。
具有超酷外形、令枪迷们血脉贲张的著名枪械，
上天入地、所向披靡驰骋于世界各地的虎胆战车，
横空出世、决胜千里的制导武器，
充分展现了陆军武器家族庞大的阵容，
同时也缩短了现代战争的进程。

航空工业出版社
北京

BRGC

前言

Qian yan

陆军武器可谓家族庞大，人丁兴旺。

陆军是世界上最早出现和最为基础的军种，它同军队一样古老。自古以来，它就具有让人热血沸腾的魔力，是克敌制胜的关键工具，是战争中进行自我保护的必要手段，有时它也是制造战争灾难的罪魁祸首。

本书从具有超酷外形、令枪迷们血脉贲张的世界著名枪械讲起。

手枪应用于军事领域，可以追溯到16世纪中叶。后经几代人的努力与追求，从引进与仿制到自行设计与研制，从借鉴国外到赶超世界先进水平，不断进取，不断飞跃，走出了一条具有中国特色的轻武器发展之路。

多少年来，中国的步兵以“铁脚板”著称于世。上天入地、所向披靡驰骋于世界各地的虎胆战车的出现，新的技术装备，使步兵由地面转到车上，从普通的徒步步兵到装甲步兵，这决不单纯是一种形式的变化，而是代表着步兵作战模式的转变，代表着部队技术质量的更新。

战场上横空出世、决胜千里的制导武器，它们是现代战场的主力军，现代武器装备中的明星，它们的出现给战场带来了根本性的变化，大大缩短了战争的进程。

如今的陆战武器装备开始谱写新的变奏曲，使得现代战争舞台异彩纷呈。

为了让读者能够轻松地了解、学习陆军武器知识，我们在这里为您奉上一道视觉大餐——《世界陆军武器图鉴》，以充分展现陆军武器家族庞大的阵容。书中对各国陆军武器的主要诸元、研制历程、背景资料等进行了详尽介绍，精彩图片更添直观感受。让您在视觉大餐中充分感受陆军武器带给您的惊奇，以最轻松的姿态来阅读这个世界。

青少年及广大军事爱好者，请用您那灵动的眼光，捕捉那一场场惊心动魄的战争场景，铭记那些密切配合作战的陆军武器！

目录

MULU

第1章 枪械宝典

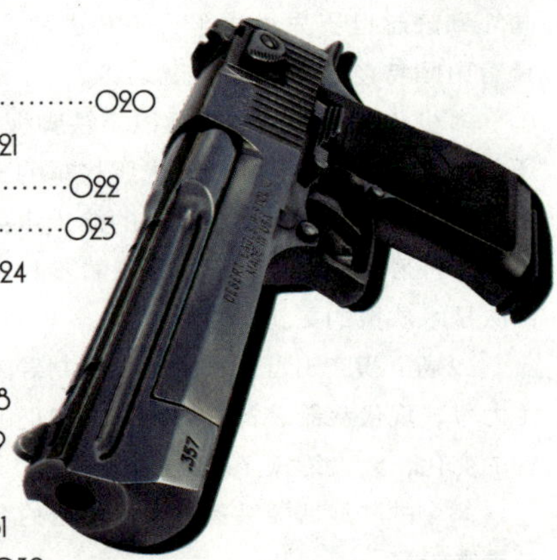

/第2章/ 虎胆战车

第3章 导弹

枪械宝典

Part 1

枪械是我们青少年朋友最熟悉的一种常规兵器。一般指利用火药燃气能量发射弹头，口径小于20毫米的身管射击武器。主要用于射击暴露的有生力量和薄壁装甲目标。军用枪械通常分为手枪、步枪、冲锋枪、机枪等，沿着它们产生、发展、演化的足迹，人们可以清晰地看到人类战争一幕幕悲壮的发展历史。

威震天下的大黑星 >>> 中国54式手枪

主要诸元：

口径→*7.62毫米*

配用弹种→*51式7.62毫米手枪弹*

全枪长→*196毫米*

有效射程→*50米*

供弹方式→*弹匣*

弹匣容量→*8发*

54式手枪空仓挂机

54式手枪及其配用的子弹

54式手枪采用枪管短后坐式自动方式，铰链结构的枪管偏移式闭锁。枪管上方有两道环形闭锁凸起，下方有一个铰链，铰链由挂机柄轴固定。射击后，套筒带动枪管一起后坐一段自由行程，然后枪管下方的铰链绕挂机柄轴向后转动，使枪管下移，枪管上的闭锁凸起脱离套筒上的闭锁凹槽，枪管和套筒分开，枪管停止运动，套筒继续后坐，实现开锁。再次发弹时，在复进簧的作用下，套筒复进，当套筒的弧形凸起与枪管尾端面相遇后枪管开始运动，枪管下的铰链又绕挂机柄轴向前转动，使枪管上抬，闭锁凸起进入套筒座闭锁凹槽，实现闭锁。

54式手枪在我军制式手枪中服役时间最长，装备数量最多，至今仍在我国装备。

枪械的研制历程 54式手枪

新中国成立之前，中国的手枪多数依靠进口。

新中国成立后，开始了手枪国产化的攻关，苏式手枪无疑成了我国进行仿制的首选。

1953年，正式引进了TT-30和TT-33手枪的产品技术资料，仿制工作开始走上了正轨。

1954年，在51式7.62毫米手枪基础上，成功地生产定型了1954年式7.62毫米手枪（简称54式手枪）。

弹匣

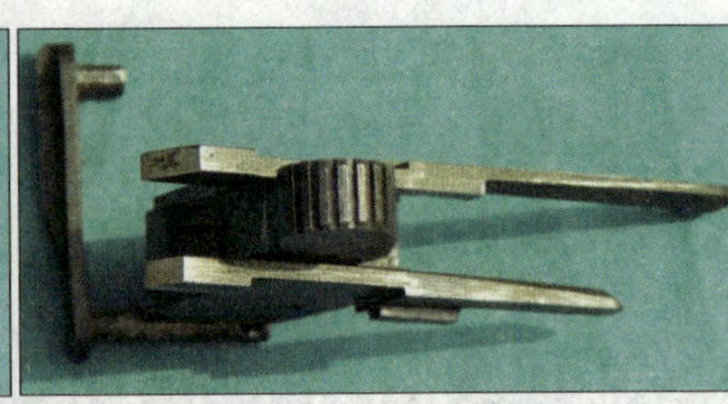

击锤击发状态

捍卫红色政权的“将军手枪”>>>中国64式手枪

主要诸元：

口径→*7.62毫米*

配用弹种→*64式7.62毫米手枪弹*

全枪长→*155毫米*

有效射程→*50米*

供弹方式→*弹匣*

弹匣容量→*7发*

膛线→*4条，右旋*

64式手枪在设计过程中，设计者们对其可谓是精雕细琢，如在手枪握把的外观设计上就前后出现过十几种方案，最终方案是由解放军画报社的专业人员设计出来的。因64式手枪主要配备于中国军队高级指挥员，并可作为外事礼品，故也被称为“将军手枪”。

64式手枪的内部结构简单，设计水平上丝毫不逊于国外同类装备。与54式手枪相比，64式手枪的重量减轻了0.33千克，长度缩短了41毫米，因而在携带时隐蔽性更好。64式手枪发射的64式7.62毫米手枪弹在50米内射击效果比较理想；在40米距离上仍有杀伤威力；在25米距离上，能射穿2毫米厚的钢板、7毫米厚的木板、4毫米厚的砖墙、25毫米厚的土层。

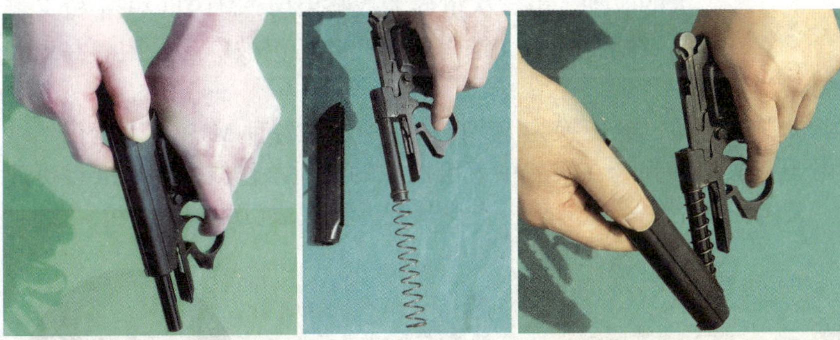

64式手枪采用自由枪机原理，枪管固定，枪机和套筒合为一体，射击时借助套筒的综合质量和复进簧的阻力封闭枪管尾部。

枪械的研制历程 中国64式手枪

20世纪50年代，中国对苏式枪械装备的引进和仿制，不仅改善了人民解放军当时的轻武器装备，也为中国独立自主发展轻武器创造了有利的条件。

20世纪50年代后期，武器装备自行设计、研制与改进工作开始提上了议事日程。

1960年，开始研制。

1964年，设计定型。

64式手枪设计定型后，在部队试用过程中反映出很多问题，64式手枪被列装的日程也因此停了下来。工厂在经过研究后，针对存在的问题分别提出了相应的解决方案。不幸的是随后文化大革命开始了，各种运动接踵而来，生产和装备的问题搁延了下来。

20世纪70年代，在有关部门的组织下，决定恢复64式手枪的研制和试生产，并变换了生产单位。改进后的64式手枪和64式手枪弹先后再进国家靶场，分别通过了生产定型试验。

王者归来 >>> 美国M1911“沙漠勇士”手枪

M1911手枪是美军装备的第一支半自动手枪。

第一次世界大战结束后，美国陆军军械部评估了M1911手枪的战斗表现，要求柯尔特公司进行改进，改进之处有：

1. 加宽准星；
2. 加长击锤；
3. 缩短扳机行程，增加防滑纹；
4. 握把背部设计弓形拱起，表面增加防滑纹；
5. 改变握把护板的网格防滑纹；
6. 扳机后方增加拇指槽；
7. 加长握把保险。

主要诸元：

口径→*0.45英寸*

配用弹种→*0.45英寸柯尔特手枪弹*

全枪长→*218毫米*

有效射程→*50米*

初速→*247米/秒*

通过改进，其性能得以进一步完善，并被命名为M1911A1手枪。此后，该枪在结构方面几乎没有再进行大的改动。第二次世界大战结束后，M1911A1手枪又经历了朝鲜战争、越南战争，此后仍被广泛采用，并出现了一些其他形式的改型。

尽管美国军队的制式手枪已经更换为M9自动手枪，但各种M1911手枪仍然被许多公司生产，由于其大口径弹药在实战中无可比拟的绝对杀伤威力和精准且迅速的单动射击模式，美国一些精锐军警部队一直将其列为特战成员的制式手枪。

M1911手枪最初是由约翰·摩西·勃朗宁设计的。

枪械的研制历程 美国M1911“沙漠勇士”手枪

1896年，枪械设计大师约翰·摩西·勃朗宁应美国柯尔特公司之约，为其研制了一种0.38英寸口径M1900半自动手枪。

1898年，柯尔特公司将此枪交给美国军方进行测试。结果美国军方对该枪表现并不满意，没有将其列为制式装备。

1907年，美军方开始招标研制0.45英寸大口径左轮手枪及半自动手枪作为其新一代制式手枪。柯尔特公司也参加了此次招标并通过了选型试验。

1911年，在美国军方的进一步改进要求下，柯尔特新样枪参加了美军新一轮手枪选型，被美军正式采用，并命名为M1911手枪。

1912年4月，装备部队，成为美军装备的第一支半自动手枪。

1926年，M1911手枪通过改进，进一步完善了其性能，被美军采用，命名为M1911A1手枪。

1985年，美军决定以伯莱塔公司生产的9毫米口径M9自动手枪代替M1911A1。

世界第一口径的短转轮>>>

美国鲁格“阿拉斯加人”转轮手枪

□ “阿拉斯加人”PK“超级红鹰”

鲁格“阿拉斯加人”转轮手枪的制造加工方法与“超级红鹰”转轮手枪完全相同。两种手枪采用了相同的照门。

“阿拉斯加人”转轮手枪的转轮座采用了大尺寸 Hogue 出品的“Tamer”（驯服者）橡胶单体握把，可以缓冲强劲的后坐力。其最大变化是改善了单、双动状态下的扳机力。假设在江边钓鱼时，突然发现一只大熊溅着水花向你扑过来，于是你丢掉手中的钓鱼杆，从腰间拔出“阿拉斯加人”转轮手枪连续射击。从这方面看，以双动方式展开连续射击更为理想。

“阿拉斯加人”转轮手枪的瞄准基线长为 112 毫米，还不足“超级红鹰”（瞄准基线长为 235 毫米）的一半。

主要诸元：

口径→0.454 英寸

枪管长→63 毫米

初速→427 米 / 秒

供弹方式→转轮

弹匣容量→6 发

膛线→6 条

“超级红鹰”转轮手枪转轮座本体的握把部分相当小，通过使不锈钢制握把部分在橡胶制握把内前后摇动的方式，达到缓和后坐力的目的。在单体橡胶制握把的两侧镶嵌有木制握把镶板，橡胶握把以贯穿握把镶板固定轴为支点，缓冲后坐力。

现在的“超级红鹰”转轮手枪是非常成熟的双动转轮手枪。鲁格公司初期的“Speed Six”改变了此前转轮手枪的设计概念。在扳机部分的设计中采用模块化设计，给传统的转轮座设计方式带来了冲击。

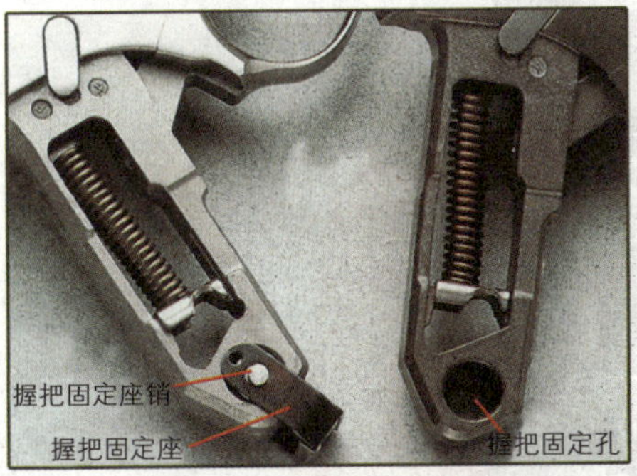

鲁格“阿拉斯加人”转轮手枪和“超级红鹰”转轮手枪转轮座握把部位的对比。两者的设计几乎完全相同，只是前者增设了橡胶握把固定座。

“阿拉斯加人”转轮手枪右侧面

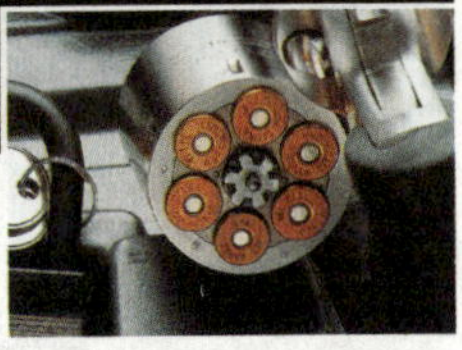

装填 6 发枪弹的“阿拉斯加人”转轮手枪后部特写

□ 挑战世界上威力最大的转轮手枪

史密斯－韦森公司曾推出世界上威力最大的转轮手枪 S&WM500，至今还没有人敢向其挑战。于是，使用者开始将目光从大威力转轮手枪转向威力适当的转轮手枪。鲁格公司推出“阿拉斯加人”转轮手枪的目的就是在“适当”威力范围内夺取“世界第一强”的宝座。

枪械族群的新贵族>>>

美国斯普林菲尔德XD系列手枪

在美国枪械杂志广告版上出镜率极高的“商品枪”

HS2000手枪的整体加工相当精美，绝不亚于格洛克、伯莱塔、西格等著名手枪。该枪还具有东欧国家产品上所没有的各种现代手枪特点。

2001年，IM金属公司又推出了在套筒座上加工导轨的改进型产品，这就是XD系列手枪的基本型。

HS2000手枪成为斯普林菲尔德公司的得意之作。在斯普林菲尔德公司的策划下，以HS2000手枪为基础陆续推出0.40S&W、0.357SIG等不同口径的XD系列手枪。在2004年的射击展中，其还展出了0.45GAP口径XD-45LE手枪，并以不扩大尺寸为前提，开发出能与0.45GAP枪弹口径手枪抗衡的大威力手枪。

主要诸元：

XD-9标准型

口径→9毫米

全枪长→178毫米

枪管长→113毫米

XD-40紧凑型

口径→0.40英寸

全枪长→159毫米

枪管长→76毫米

XD-40战术型

口径→0.40英寸

全枪长→203毫米

枪管长→130毫米

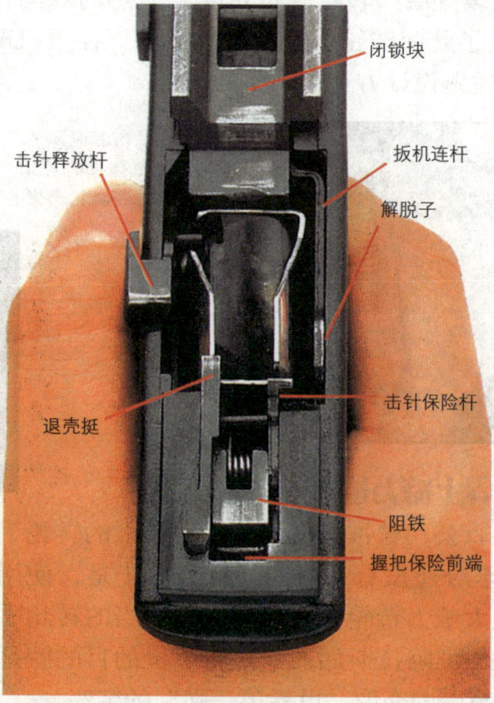

XD系列手枪的扳机机构，简单明了。

XD 系列拥有从 76 毫米枪管小型手枪（XD-40）到 130 毫米枪管射击比赛用手枪的所有产品，甚至还开发出了配有制退器的产品（102 毫米枪管 V10）。格洛克手枪中也有配备制退器的手枪，但其他公司产品上很少见。

从价格、性能上看，可以说 XD 具有超群的优势。握把、扳机等设计也决不亚于格洛克手枪，很难说哪一个更出色。

在 2006 年的射击展上还推出了不改变尺寸的情况下，将弹匣容量增加到 13 发的 XD 0.45 英寸口径手枪。加上弹膛内的 1 发，总容弹量多达 14 发。令人吃惊的是，该枪除了握把略微变粗外，套筒等部位的宽度与原来的 9 毫米口径产品完全相同。用 9 毫米 /0.40 英寸口径手枪挑战 0.45 英寸口径，也许就是 XD 新的发展方向。要想超越格洛克手枪，必须要推出比格洛克更富有创意的产品！

插入标准型 XD 用 15 发弹匣的缩小型 XD 手枪

XD-40 手枪上采用了具有微调整功能的照门。

克罗地亚 HS2000 手枪握把略微变粗，但握持感依然非常舒适。

枪械的研制历程 美国斯普林菲尔德 XD 系列手枪

XD 系列手枪的前身是克罗地亚开发的 HS2000 手枪。两者之间的区别，仅在于枪体表面上的刻印不同。

克罗地亚于 1991 年 6 月 25 日宣布脱离南斯拉夫独立，称克罗地亚共和国，由于独立后经历多年的内战，其经济复苏相当缓慢。据说，与其他东欧国家一样，武器出口是克罗地亚重要的经济来源。HS2000 手枪就是克罗地亚外贸产品之一。在 2000 年的拉斯韦加斯射击展上，克罗地亚 IM 公司将刚刚完成的 HS2000 手枪推上了展台。

苏维埃的校官配枪 >>> 苏联马卡洛夫手枪

主要诸元:

口径→9毫米

配用弹种→9×18毫米马卡洛夫手枪弹

全枪长→160毫米

有效射程→50米

弹匣容量→8发

瞄准基线长→130毫米

马卡洛夫手枪采用简单的自由后坐式工作原理，结构简单，性能可靠，成本低廉，在当年是最好的紧凑型自卫手枪之一。

马卡洛夫手枪的击发机构为击锤回转式，双动发射机构。保险装置包括有不到位保险，外部有手动保险机柄。

马卡洛夫手枪采用固定式片状准星和缺口式照门，在15~20米内时有最佳的射击精度和杀伤力。其钢制弹匣可装8发PM手枪弹，弹匣壁镂空，既减轻了重量也便于观察余弹数，并有空仓挂机能力。

其最明显的缺点是较低的停止作用和杀伤力，以及小容量的弹匣。

改进型马卡洛夫手枪被定型为PMM，而新的枪弹也同时被定型为9×18毫米PMM弹。PMM手枪既可用标准的PM弹也可用改进的PMM弹，其使用对象为军队和执法机构，但销售运气并不好。最后俄罗斯军队还是决定研发全新的、更加高效可靠的新式手枪来代替马卡洛夫手枪。

马卡洛夫手枪的标准射击姿势

枪械的研制历程 苏联马卡洛夫手枪

马卡洛夫手枪，由苏联著名枪械设计师马卡洛夫（1914—1988）设计，又称校官手枪。该枪于1951年开始装备部队。

在第二次世界大战结束后，苏联人总结战时的经验发现，手枪在实战中使用率极低，再加上托卡列夫手枪的一些固有缺点，因此决定开发新的校官自卫手枪，要求比托卡列夫手枪更紧凑、更安全和停止作用更大的半自动手枪。为此，苏联工程师Boris V. Syomin首先研制了一种名为PP39的9×18毫米手枪弹，并于1940年6月提交靶场试验。这种PP39手枪弹就是后来的马卡洛夫手枪弹的真正前身。

魅力无穷的宠儿 >>> 德国鲁格 P08 手枪

形状怪异的肘节式（也叫“尺蠖原理”）闭锁结构和枪管短后坐自动方式、形状独特的外观、出色的加工精度，这一切都是鲁格 P08 手枪的魅力所在。

要说采用肘节式闭锁结构的手枪，就算加上成为鲁格手枪起点的 C93 式博查特自动手枪，也是寥寥无几。鲁格 P08 手枪可以说是采用这一闭锁结构的最后一种自动手枪。

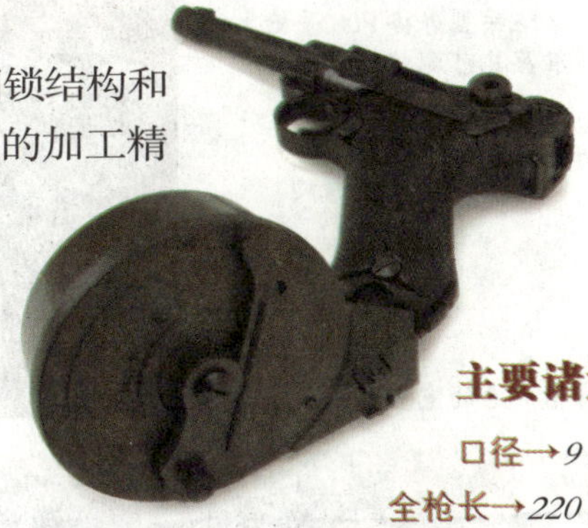

主要诸元：

口径→9 毫米

全枪长→220 毫米

全枪质量→0.89 千克

弹匣容量→8 发

瞄准基线长→197 毫米

快速摄像机拍摄的时节式闭锁结构的动作过程

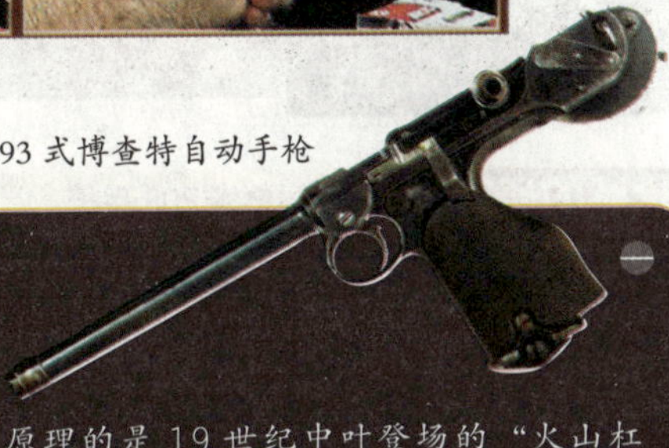

C93 式博查特自动手枪

“尺蠖原理”

第一个采用尺蠖（尺蠖蛾的幼虫生长在树上，颜色像树皮，行动时身体一屈一伸地前进，是害虫）原理的是 19 世纪中叶登场的“火山杠杆作用（Volcanic Lever Action）”手枪，此后在美国西部开拓时代活跃的温彻斯特 M1873 杠杆式（枪机直动式）步枪也采用了这一结构，而第一个采用肘节式闭锁结构的机枪是马克沁机枪。

第一个将尺蠖原理成功地结合到手枪上的就是博查特手枪，不过该手枪的生命非常短暂，在只生产了约 3000 支的情况下就被迫停止了生产。勇敢地挑战这一失败的博查特手枪的曲柄闭锁，并对该闭锁结构进行大量改进，成功地开发出鲁格 P08 手枪的就是德国 DWM 公司的技师乔治·鲁格（George Luger）。

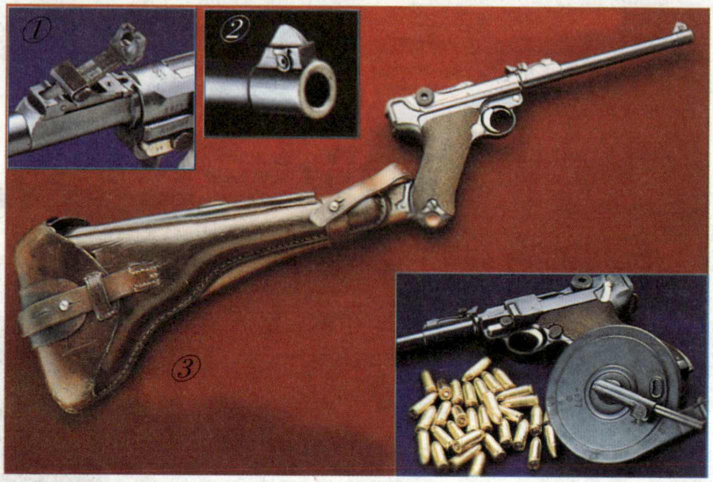

①装定到 800 米射程时的表尺的状态
②炮兵型鲁格 P08 手枪上的准星具可调整功能
③装上枪托时的炮兵型鲁格 P08 手枪

鲁格 P08 的完全分解图

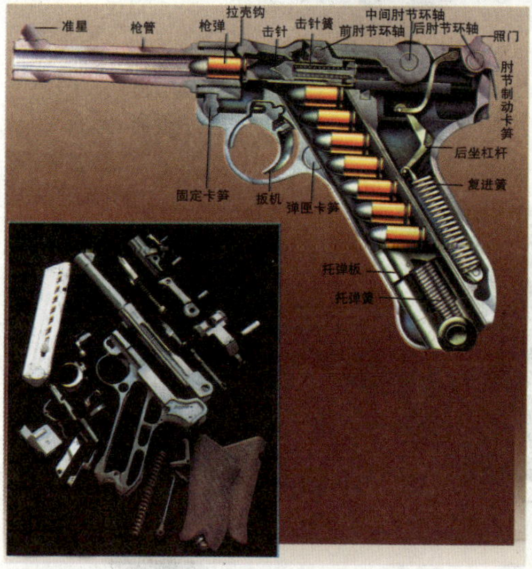

鲁格手枪有多种型号，其中生产数量最多的是德国陆军于 1908 年制式采用的鲁格 P08 手枪。在德国负责生产鲁格手枪的企业超过 8 家，瑞士、英国等国也生产鲁格手枪，但数量很少。

鲁格 P08 手枪在口径的采用上也给后世带来了很大影响，众所周知，相同口径的 9 毫米帕拉贝鲁姆枪弹后来成了世界军用和警用的制式枪弹。格洛克或西格手枪是世界顶级的现代警用手枪，但这些手枪只是单纯的工具而已，假如将格洛克或西格手枪比喻为军刀，那么鲁格 P08 手枪则算得上是名刀了。

枪械的研制历程 德国鲁格 P08 手枪

1899 年，鲁格 P08 手枪的实验品研制成功。

1900 年，开始投入改良品的生产。其后，又不断进行改革。

1908 年，被选为德军的制式手枪。最初由 DWM 一家公司生产。

1911 年，德国的兵工厂也开始生产。

第一次世界大战后的一段时期内，德国政府禁止生产鲁格 P08 手枪，但后来为了出口，DWM 公司重新生产。

1933 年，纳粹党执政，大部分生产转到毛瑟公司，直到 1945 年。

20 世纪 70 年代，毛瑟公司曾限量生产了鲁格手枪；此外，德国的埃尔玛公司也曾为本公司的手枪产品采用过肘节式闭锁结构。但都因高成本的问题而再次停止了生产。为解决鲁格 P08 手枪的高成本问题而开发的就是代替该手枪的鲁格 P38 手枪。

鲁格 P38 手枪的性能虽然远不如现代手枪，但是在登场当时却是世界最先进的手枪之一。

瓦尔特的金字招牌>>> 德国瓦尔特 P99 手枪

瓦尔特 P99 手枪是后起的产品，集合了在这以前登场的各种产品的优点，可以说是技术的大荟萃。

瓦尔特 P99 手枪配有两个不同尺寸的可更换的握把后片，射手可根据自身的情况选择最合适的握把尺寸。

瓦尔特 P99 手枪握把的握持感极其出色，握把表面与皮肤之间的接触感也非常舒服。瓦尔特 P99 手枪还配有 3 个不同高度的准星，这也是尊重射手个人爱好的设计之一。虽然照门是一般常见的型式，却具有横向风偏的调整功能；另外通过更换不同高度的准星，也可上下调整弹着点；瞄准装置具有可满足不同射手爱好的优点。弹匣卡笋为杠杆状结构，枪的左右两侧都有，是左右都能操作的新颖结构。

击发、发射机构采用了以往的双动和单动结构。瓦尔特 P99 手枪还具有弹膛指示器。

瓦尔特 P99 手枪套筒座是用由玻璃纤维增加强度的塑料材料加工成型的，因此套筒座很硬。

主要诸元：

口径→0.40 英寸

全枪长→184 毫米

枪管长→106 毫米

全枪质量（含空弹匣）→0.705 千克

弹匣容量→10+1 发

瞄准基线长→157 毫米

在美国市场上销售的瓦尔特 P99 手枪都配有在 25 米距离上的测试枪靶。

充满威慑力外观的瓦尔特 P99 手枪

瓦尔特 P99 手枪的弹匣

枪械的研制历程 德国瓦尔特 P99 手枪

20 世纪 80 年代后半期，低价位的格洛克手枪和成为美军制式手枪的意大利伯莱塔手枪席卷了美国市场，没有给瓦尔特手枪留下任何立足之地。

1994 年，瓦尔特 P99 手枪是在德国联邦警官学校的支持下开始开发的，着重点是想完成理想的警用制式手枪。瓦尔特 P99 手枪成了瓦尔特公司挑战美国市场的王牌。

第一支真正意义上的警察专用手枪>>>

德国 HK P2000 手枪

HK P2000 手枪脱胎于 USP 紧凑型手枪。

HK P2000 手枪采用枪管短后坐式自动方式，改进型勃朗宁闭锁机构，多角型枪管，采用双层复进簧，以减低后坐力。无论何种型号的 HK P2000 手枪均未在枪体表面设置外在的手动保险。

HK P2000 手枪的套筒座采用了现代塑钢结合技术，以增强玻璃纤维材料配以不锈钢筋加固的聚酰胺制作而成。全枪的金属部件均进行了黑色渗碳氮化氧化保护层处理，之后，又加以蓝化处理以及防腐蚀防锈处理。HK P2000 手枪的枪管采用钢材冷锻镀铬，与德国著名的“豹”式坦克的炮管制造水准相当！全枪生产过程均由计算机控制，以保证生产出最高水准的手枪。无论使用何种口径的 HK P2000 手枪，均可发射最强力的弹药 20000 发以上！

主要诸元：

口径→9 毫米
全枪长→178 毫米
枪管长→92 毫米
全枪质量→0.62 千克
供弹方式→弹匣
弹匣容量→13 发
瞄准基线长→140 毫米

枪械的研制历程 德国 HK P2000 手枪

HK 公司早在 20 世纪 90 年代末期就面向警用枪械市场推出了由 USP 紧凑型手枪改进而来的 P10 手枪。尽管 P10 手枪在德国军警市场上有所收获，但毕竟它的设计理念已经无法满足当前军警反恐更进一步的需要了。于是，在 1999 年，HK 公司展开了新一代警用标准手枪的研制：新枪要求使用 9 毫米北约（NATO）制式口径弹药（9 毫米鲁格弹）；枪体大小适中；能适应绝大多数警员的手型及使用习惯；子弹上膛后也可以安全携行，并且要求实战反应迅速；枪体能够方便加装战术灯具等辅助设备；在 50 米以内射击精度良好。HK 公司借助 9·11 之后德国警察更换配枪的时机，隆重推出了 HK P2000 系列手枪。

2002 年，经过 3 年的潜心研制以及参考公司多年来在枪械制造方面雄厚的技术储备，并且在经过警方客户近一年的试用后，9 毫米口径的 HK P2000 手枪正式面向警方及欧洲民用市场发售。

HK P2000 手枪的特征之一就是采用模块化设计的握把。握把后部具有可更换功能的单独零件，可根据射手的需要，换装不同尺寸的握把后垫。

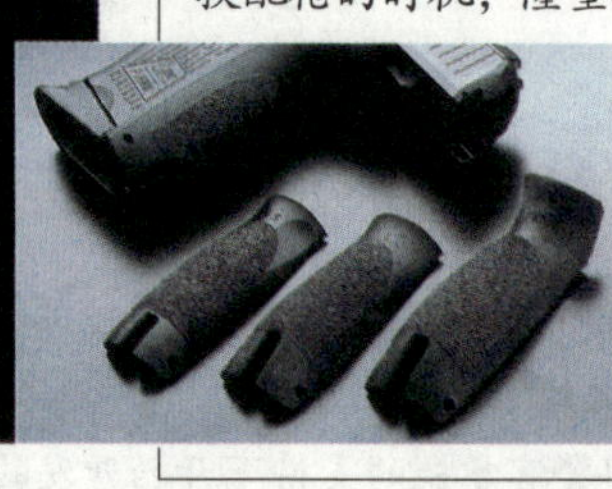

看美国警察现在用什么>>>

意大利伯莱塔 M92F（M9）手枪

在大大小小的战斗中出尽风头的伯莱塔 M92F 手枪

主要诸元：

口径→9 毫米

全枪长→217 毫米

枪管长→125 毫米

供弹方式→弹匣

弹匣容量→15+1 发

天窗式套筒设计、双动 / 单动扳机组件、枪管下方锁定枪机组件的使用和击锤跌落保险都是伯莱塔 M92F 手枪的显著特点。

该枪击发时间短，保证快速射击。伯莱塔 M92F 手枪套筒后部没有枪管衬垫，可牢固地锁定枪管前部，同时有助于提高射击精度。美国军用手枪散布精度试验要求在 22.8 米处为 12.7 厘米即可，这是慷慨的指标。伯莱塔公司很容易满足这些指标要求，因为大多数情况下，这一指标要求为不大于 7.6 厘米。此外，伯莱塔手枪的一大显著优点就是易于分解。

伯莱塔 M92F 手枪

枪械的研制历程 意大利伯莱塔 M92F（M9）手枪

1970 年，伯莱塔公司的三位设计师卡罗·伯莱塔（Carlo Beretta）、吉乌塞皮·马杰蒂（Giuseppe Mazzetti）和维托里奥·瓦勒（Vittorio Valle）开始了 92 型手枪的设计。

1985 年 1 月 14 日，美国军方宣布伯莱塔公司的 M92F 手枪是竞争的最后获胜者。

伯莱塔美国分公司为当地生产 M9 手枪时，意大利伯莱塔公司也同时生产伯莱塔 M92F 手枪。在意大利，禁止民间拥有 9 毫米帕拉贝鲁姆枪弹。为了避开法律限制，手枪生产商只是将弹膛长度从 19 毫米增加到 21 毫米。

在同一时期，法国国防部长 Andre Giraud 代表国家宪兵队批准了手枪选型竞标。这次为法国警用手枪选型的试验最终在伯莱塔公司的 M92F 手枪、西格公司的 P226 手枪和瓦尔特公司的 P88 手枪之间展开角逐。

1987 年 7 月 7 日，法国国防部宣布选用伯莱塔 M92F 手枪装备国家宪兵队。

一鸣惊人的战士>>>奥地利格洛克17式手枪

主要诸元：

口径→9毫米
全枪长→186毫米
全枪宽→30毫米
枪管长→114毫米
弹匣容量→7/19/31发
空枪质量（不含弹匣）→0.63千克
瞄准基线长→165毫米

格洛克17式手枪的外形非常简洁，简洁到看起来方头方脑，完全不像传统的手枪外形设计那样讲究曲线的运用。实际上这样的设计十分符合实战应用，便于随身携带和使用。手枪握把与枪管轴线的夹角比任何手枪都要大，这个角度是根据人体手臂自然抬起的瞄准姿势与身体的角度而定的，因此几乎不用瞄准便可举枪射击，这样的设计在突然遭遇的近战中瞄准反应速度特别快而且准。

外形简洁的格洛克17式手枪

格洛克17式手枪深受奥地利陆军的喜爱。

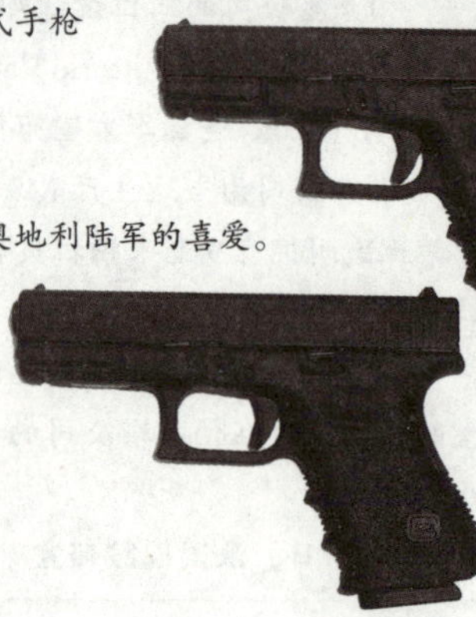

格洛克手枪系列中的第一支型号为什么编号是“17”呢?

目前有三种解释：

第一种，因为这支手枪的弹匣容量是17发，而当时流行的双排手枪弹匣是15发(这个流行的定义其实是以流行的意大利伯莱塔M92F手枪为基准的)，所以就决定编号为17了。

第二种，格洛克公司的人曾经对外界宣称：他们以公司的门牌号码“17号”来命名新枪，以庆祝和纪念新枪的诞生。

第三种，因为这是格洛克公司生产的第17种产品，但格洛克公司并未向人们展示过以前的16种产品。

完全抛弃了传统手枪设计时讲究曲线运用的设计理念的格洛克 17 式手枪

格洛克 17 式手枪及其子弹

格洛克 17 式手枪的扳机式保险看起来好像一些双管猎枪所用的双扳机，但前面凸出的小扳机是保险杆。只要手指扣动扳机时就打开了保险，这样设计的好处不但提高了安全性，而且也提高了反应的速度，当需要发射时，不需要事先打开保险。

虽然 HK P7 手枪以握把保险来代替传统保险，是最早尝试改变传统手枪保险方式的，但这种保险方式没有得到推广。而现在很多枪械制造商都开始采用扳机保险装置，尽管由于专利权的问题，这些设计和格洛克手枪的扳机保险在结构上有分别，但其设计思想和基本原理却是源自格洛克 17 式手枪的。

格洛克 17 式手枪经受了奥地利陆军的严格试验，包括冰冻、风沙、浸泡海水、烂泥等环境，据说被 10 吨重军用卡车碾压过后，它的工程塑料部件都没有损坏，可以继续射击。

格洛克 17 式手枪还能在水中射击，虽然不是专用的水下手枪，但一些“蛙人”作战部队都会装备这款手枪以便应急使用。除了 17 发的弹匣外，格洛克 17 式手枪还可以使用 19 发弹匣和格洛克 18 式手枪所用的 31 发弹匣。

枪械的研制历程 奥地利格洛克 17 式手枪

20 世纪 80 年代初，奥地利陆军寻求一支新手枪以取代服役了多年的德国瓦尔特 P38 自动手枪，订单落到了格洛克公司手上。

作为一家还没有名气的年轻的枪械制造公司，格洛克公司十分珍惜这次难得的机会。他们首先邀请了奥地利军方人士及北约组织的高级将领，听取他们的意见，然后组织研究人员将这些意见整理出一个清晰的框架要求，作为开发新手枪的研制起点，并要求外形、结构要全新设计，采用新材料和新的工业技术制造。

1983 年，格洛克公司的新手枪问世，并开始接受奥地利陆军的各种严格的试验，试验结果十分满意，于是奥地利陆军正式采用，并命名为 M80。而这支新手枪的商业名称就是格洛克 17 式手枪。

岩壁中暗藏的“毒蝎”>>>捷克VZ61冲锋手枪

个性十足的“蝎”式VZ61冲锋手枪

VZ61冲锋手枪是为了满足在有限的使用空间内活动的特殊兵种或执行特殊任务的特种部队自卫需要而设计的，因此对猛烈火力的追求远高于手枪，这种设计理念非常接近现代PDW（单兵自卫武器）。VZ61冲锋手枪的特性不仅适合军队的特殊兵种使用，也非常适合执行市区警备任务的警察使用，拥有军、警用双重价值。

将VZ61冲锋手枪称为“蝎子”，主要原因有两点：一是与西方国家的9毫米（9×19毫米枪弹）口径冲锋枪相比，使用7.65×17毫米柯尔特自动手枪弹的VZ61冲锋手枪拥有更加小巧玲珑的外观；二是它隐藏着惊人的攻击能力，而且其枪托在半折叠状态下，酷似于带有毒针的蝎子尾巴。

蝎子的毒针虽然很小，但绝不能小瞧它。同样，VZ61冲锋手枪虽然发射威力不大的7.65×17毫米柯尔特自动手枪弹，但同样不能小瞧了它。VZ61冲锋手枪的魅力和威力也主要集中在这种小型射击平台的惊人攻击性上，正是由于采用了易于控制枪体的7.65毫米枪弹，VZ61冲锋手枪在连射时的弹着点非常集中，密集的弹雨可给对方造成致命的打击。

主要诸元：

口径→*7.65毫米*

配用弹种→*7.65毫米柯尔特自动手枪弹*

全枪长→*173毫米*

全枪质量（不含弹匣）→*1.59千克*

初速→*305米/秒*

发射方式→*单发/连发*

供弹方式→*弹匣*

弹匣容量→*10/20发*

VZ61冲锋手枪的黑色握把

按下中央的固定销滑动，可轻松地卸下枪托。

VZ61 冲锋手枪的绰号来自其酷似于蝎子尾巴的枪托的形状。

“蝎子”与 VZ61 冲锋手枪的不解之缘

“蝎子”，自古被视为五毒之首，它天性凶残狠毒，蝎子尾部前端的毒针，是其捕食、自卫用的武器，对人类而言极为危险。此外，它还拥有两个发达的“钳子”和 4 对爬行用脚，蝎子在遇到危险的时候，向身体前方伸展尾部的姿势和闪电般的攻击速度，在世人的脑海里刻下了恐怖的印象。

而在枪械界，捷克斯洛伐克给近半个世纪以前研制的 VZ61 冲锋手枪起了“蝎子”这一外号，恰如其分地概括了该枪的所有特征。VZ61 冲锋手枪的设计者是米罗斯拉夫·里巴兹，VZ（Vzor）是捷克语，汉语意思为“式”；“61”是投入生产的年份。据说，整个开发过程都在极为保密的情况下推进，苏联情报部门克格勃也曾使用过该枪。

VZ61 冲锋手枪在设计上也继承了此前产品的部分特点，形成了自己鲜明的风格。作为采用 7.65 × 17 毫米小口径枪弹的 VZ61 冲锋手枪，采用结构简单的自由枪机方式是理所当然的。不过 VZ61 冲锋手枪毕竟是微冲手枪，必须要考虑轻便性和隐蔽性，因此枪体尺寸在不断地缩小，这就导致了枪机在机匣内部的后退距离变短，带来了射速过高、枪体控制难度增大的问题。

为了解决出现的问题，捷克斯洛伐克采取独有的方法，在 VZ61 冲锋手枪上采用了特殊的射速减缓器。

不难看出，VZ61 冲锋手枪从设计概念开始到内部设计为止，都散发着捷克特有的个性。

VZ61 冲锋手枪的枪身特写

VZ61 冲锋手枪的顶部特写

枪械的研制历程 捷克 VZ61 冲锋手枪

20 世纪 50 年代，VZ61 冲锋手枪的概念登场，当时，可以说是相当前卫的武器。

1961 年，捷克军队将 VZ61 冲锋手枪选定为军用制式武器，并在切斯卡·兹约罗夫卡兵工厂投入批量生产。

1979 年，该兵工厂共生产了约 21 万支 VZ61 冲锋手枪。

昂贵的珍品>>>瑞士 SIG P210-6 手枪

该枪的外观设计干脆利索，圆形、直线形、棱角轮廓分明，摄影效果也非常好。

主要诸元：

口径→*9 毫米*

配用弹种→
9 毫米帕拉贝鲁姆枪弹
7.65 毫米帕拉贝鲁姆枪弹
0.22LR 枪弹

枪管长→*120 毫米*

全枪质量（带空弹匣）→*1.025 千克*

供弹方式→*弹匣*

瞄准基线长→*176 毫米*

该枪采用枪弹单排排列的弹匣和单动扳机，手小的射手也很容易握住握把，握把倾斜角为 110 度，与柯尔特 M1911 系列手枪相同。该枪的套筒、套筒座全部用金属制成，弹匣卡笋设在握把下端，在美国被称为“欧式弹匣卡笋”。

SIG P210-6 手枪采用片状准星和可调整的方形缺口照门，其动作非常灵活而且可靠，扳机力适当，瞄准装置也非常易于瞄准。

正是由于上述特点，SIG P210-6 手枪成为了收藏家们竞相追捧的对象。

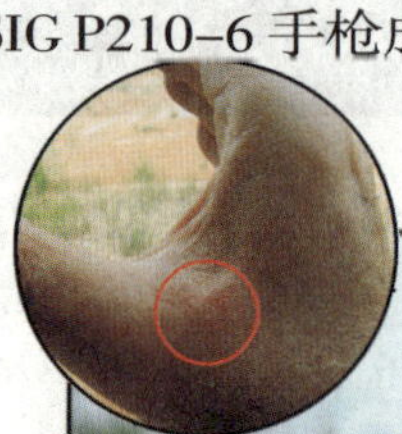

被击锤夹伤的手

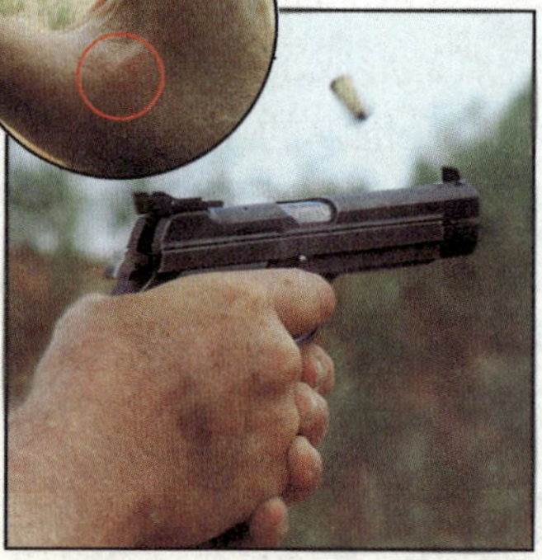

发射的一瞬间

7.65 毫米和 9 毫米帕拉贝鲁姆枪弹

枪械的研制历程 瑞士 SIG P210-6 手枪

第二次世界大战末期，SIG P210 系列手枪的原型是由西格公司开发试制的 SIG Petter44 系列手枪。

1949 年，瑞士军队代替自 1900 年以来长期占据瑞士军队制式手枪宝座的鲁格手枪，以“Pistole 49”的名称制式采用了 SIG Petter44 手枪。SIG P210 手枪是 P49 手枪的民间型名称。

1975 年，瑞士军队将 SIG P210 手枪选定为制式武器。与其他国家不同，瑞士并没有将卸装后的 P49 手枪扔进熔炉，而将该手枪立即装备给民兵，使其继续为瑞士国民服役。

进入 20 世纪 90 年代后，计算机控制的先进的 CNC 机床开始应用到枪械生产领域，制造过程大有改进。

1994 年，停滞近 10 年的 P210 系列手枪的生产再次启动，SIG P210-5、SIG P210-6 等手枪在美国民间市场上随处可见。

力与美的化身>>>以色列"沙漠之鹰"手枪

虽然"沙漠之鹰"是MRI最著名的产品，但却不是唯一的产品。MRI近年来推出了许多"鹰"系列枪支，不过却都没有取得"沙漠之鹰"那样的成就。现产的"沙漠之鹰"分成MK. VⅡ和MK. XⅨ两大系列；现产的MK. VⅡ系列均为0.44英寸口径，有6英寸、10英寸枪管；XⅨ系列则有0.44英寸、0.50英寸两种口径。

"沙漠之鹰"的多边形枪管是精锻而成，标准枪为6英寸，另外也有10英寸的长枪管供选用。"沙漠之鹰"与其他自动手枪相比的一个最大特点就是采用导气式开锁原理和枪机回转式闭锁，这是因为它发射的马格努姆左轮手枪弹的威力太大，一般大威力自动手枪所用的刚性闭锁原理根本无法承受。

加装了瞄准镜的大威力手枪——"沙漠之鹰"

主要诸元：

口径→*0.50英寸*
配用弹种→*0.50英寸快枪弹*
全枪长→*270毫米*
枪管长→*152毫米*
全枪质量→*1.99千克*
初速→*402米/秒*
弹匣容量→*7发*
瞄准装置→*片状准星，缺口式照门*
瞄准基线长→*217毫米*

枪械的研制历程 54式手枪

1980年，最早的"沙漠之鹰"设计由MRI发布。

1981年，原型枪完成。

1983年，开始生产和销售。

1985年，0.357英寸口径的"沙漠之鹰"才正式出现在美国手枪市场的售货架上。

1986年，MRI推出了一支0.44英寸口径的"沙漠之鹰"，这简直是一支完美的手枪，也是第一支0.44英寸口径的半自动大口径手枪。

1987年，0.41英寸口径的"沙漠之鹰"投产，以填补市场空白。

1989年，进行了标准化定型，称为"MK. Ⅶ"标准，内容是：大型安全锁、两段式扳机等。

1994年，又推出了0.50英寸口径。

1998年，又推出了不太有前途的0.440 Cor-Bon口径。

新中国第一支制式列装半自动步枪>>>

中国56式半自动步枪

主要诸元：

口径→*7.62毫米*

配用弹种→*7.62毫米56式枪弹*

全枪长→*1025毫米*

枪管长→*521毫米*

全枪质量（不装弹）→*3.85千克*

初速→*735米/秒*

最大射程→*1500米*

膛线→*4条，右旋*

56式半自动步枪，为中国人民解放军历史上第一支制式列装的国产半自动步枪，和56式轻机枪、56式自动步枪（又称56式冲锋枪）统称56式枪族。

56式半自动步枪为自动装填子弹的半自动步枪，具有重量轻、射击精度好、机构动作可靠等优点，并装有折叠式刺刀，可以进行白刃战。自动方式采用导气式（活塞短行程），闭锁方式为枪机偏移式，实施单发射击，用10发固定弹仓供弹。

56式半自动步枪系仿自苏联SKS半自动步枪，1956年引进了苏联的全套技术资料引进仿制。其改良之处有：以郓型刺刀替代原有之剑形刺刀（两种枪刺的56半自动都在装备）、把机匣盖联接嵌入护木内、以玻璃纤维枪托替换木托、并以冲焊件、冲铆件或精铸件替换部分模铸件。手动保险位于扳机护圈后方。弹仓扣位于弹仓后面、机匣下方。

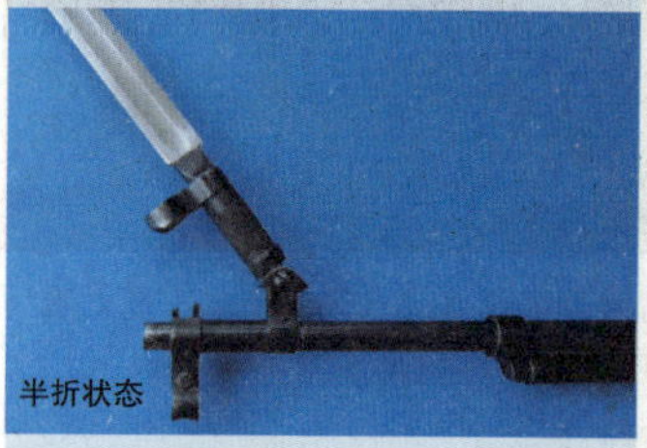

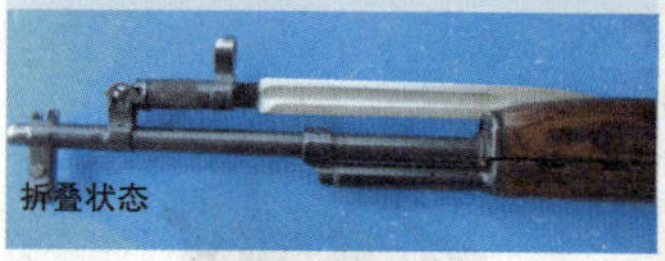

56式半自动的刺刀

56式半自动步枪是步兵使用的单人武器

枪械的研制历程 中国56式半自动步枪

20世纪50年代，中国在苏联的帮助下建立起自己的军事工业。

1956年，解放军定型了56式枪族并开始量产，并大量装备中国人民解放军。

1968年，63式自动步枪装备部队。

20世纪70年代中期，63式步枪暴露出各种问题后终于撤装，部队重新装备56式步枪和56式自动步枪。

1985年，56式半自动步枪正式撤装，由81式步枪或56式自动步枪取代。

为星条旗争得殊荣>>>

美国 M1918 勃朗宁自动步枪

M1918 勃朗宁自动步枪（简称 BAR）坚固耐用，所有金属部件均经过蓝化工艺处理，该枪机匣用一整块钢加工而成，表尺为直立式。枪管膛口安装圆柱形消焰器，枪管上端印有制造厂的首写字母及生产的年、月。型号标志、制造厂及枪号则印刻在机匣顶部。枪托和刻有格子花纹的下护木由胡桃木制成。与其变型枪不同的是，最初 BAR 没有安装两脚架。BAR 也配备了一个特殊的子弹带，其右侧有一金属“杯”，可将枪托底部插入其中，以便使其能够在 BAR 设想的“行进间射击”的作战模式下使用。

主要诸元：

口径→*0.30 英寸*

配用弹种→

0.30–06 斯普林菲尔德步枪弹（7.62×63 毫米步枪弹）

全枪长→*1214 毫米*

枪管长→*610 毫米*

弹匣容量→*20 发*

初速→*805 米/秒*

有效射程→*600 米*

美国陆军于 1917 年 4 月 1 日选定为制式武器的勃朗宁 M1918 自动步枪。由于该枪是以士兵在前进的同时展开射击为前提而设计的，所以没有采用两脚架。

BAR 也同样存在着一些缺点：由于其设计问题，BAR 的 20 发弹匣容弹量有限是一个不利之处；枪管不易拆卸及更换是另一个严重的缺陷。

枪械的研制历程 美国 M1918 勃朗宁自动步枪

M1918 勃朗宁自动步枪的设计思想起源于第一次世界大战的法国堑壕战，美国于 1917 年 4 月 6 日参战，但不久就发现了美军主要装备的作战武器总的来讲无法令人满意。

著名设计师约翰·摩西·勃朗宁一直在悄悄地设计一种可靠性好、射击效果好的自动步枪。他首先与柯尔特专利武器制造公司签署了一份协定，该公司有权使用发明家的专利。1917 年 5 月 1 日，对于采用轻机枪还是自动步枪，由战争部长召集组成了一个军械小组进行了试验并作出了决定，勃朗宁的设计很快被采纳，并命名为“M1918 勃朗宁自动步枪”，装备美国军队。这就是著名的“勃朗宁自动步枪”，不久便以其首写字母“BAR”简称代之。

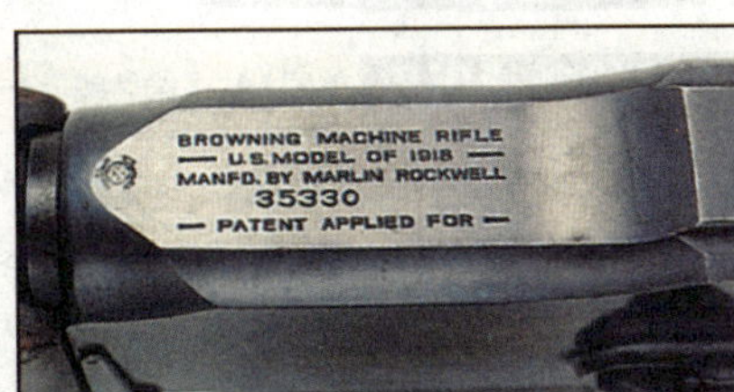

M1918 勃朗宁自动步枪的机匣上面刻有“勃朗宁连发步枪”的枪名，为了与机枪加以区别，后来更名为“勃朗宁自动步枪”。

第二次世界大战中的盟军英雄>>>

美国M1“伽兰德”步枪

主要诸元：

口径→*7.62毫米*

配用弹种→

M1906斯普林菲尔德0.30-06步枪弹（7.62×63毫米步枪弹）

全枪长→*1100毫米*

枪管长→*610毫米*

初速→*865米/秒*

弹匣容量→*8发*

有效射程→*730米*

M1“伽兰德”步枪因其设计师约翰·伽兰德而得名。该枪可靠性高，射击精度高，易于分解和清洁，它被证明是一种可靠、耐用和有效的步枪，在第二次世界大战的大多数战场上都有过出色表现，被公认为是第二次世界大战中最好的步枪。

最初的M1“伽兰德”步枪采用的导气装置在枪管上并无导气孔，而是在枪口装一个套筒式的枪口罩，当弹头被推出膛口时，部分火药燃气通过枪管端面与枪口罩之间的空隙进入活塞筒，推动活塞向后运动。这种导气方式的缺点是活塞筒与枪口罩连接不牢固，刺刀装配不稳，准星移动影响精度。

M1“伽兰德”步枪是枪械历史上第一种大量生产进入现役的半自动（自动装填子弹）步枪。

伽兰德和他设计的步枪

枪械的研制历程 美国M1“伽兰德”步枪

1920年，伽兰德在斯普林菲尔德兵工厂（也译为春田兵工厂）开始设计半自动步枪。

1929年，样枪送交阿伯丁试验场参加美国军方新式步枪选型试验，通过对比试验。

1932年，伽兰德设计的自动装填步枪被选中。

经过进一步改进，1936年正式定型命名为“美国0.30英寸口径M1步枪”，简称为M1步枪，一般加上设计师的姓氏而称为M1“伽兰德”步枪。

1939年，伽兰德重新设计了步枪的导气装置，改成为在枪管下方开导气孔的导气装置。

1940年秋，所有新生产的M1“伽兰德”步枪均采用新的导气装置。

1941年，美国参加第二次世界大战，“伽兰德”步枪产量猛增，美国政府增加了温彻斯特公司作为M1步枪的生产承包商。

1945年8，月M1“伽兰德”步枪停产时，两家公司共生产了400多万支M1“伽兰德”步枪。

1950年，朝鲜战争爆发后，斯普林菲尔德兵工厂重新生产M1“伽兰德”步枪。1956年仍在生产M1“伽兰德”步枪，但逐步减产。

1957年，M14 7.62毫米步枪被美军正式采用，自此M1步枪正式停产。

第二次世界大战的产物>>>

美国M1941约翰逊半自动步枪

M1941约翰逊半自动步枪采用军用步枪中少见的枪管后坐式原理的自动方式，枪机回转式闭锁方式，射击方式为半自动，采用弧形表尺。枪管在子弹击发后因后坐力而后退，应用这个所传递的能量来完成开锁、退壳、闭锁及上膛的动作。M1941约翰逊半自动步枪的弹仓比较独特，由10发鼓形弹仓供弹，弹仓呈半圆形。枪管的后半截有套筒，套筒上布满了圆孔，拉机柄在枪的右侧，其枪弹亦由枪的右侧装入弹仓。M1941约翰逊半自动步枪的枪管可轻易拆解，这使它颇受伞兵和特种部队欢迎。

主要诸元：

口径→*7.62毫米*

配用弹种→*M1906斯普林菲尔德0.30-06步枪弹（7.62×63毫米步枪弹）*

全枪长→*1156毫米*

枪管长→*558毫米*

全枪质量→*4.3千克*

初速→*865米/秒*

弹匣容量→*10发*

M1941约翰逊半自动步枪具有质量轻、枪管容易拆卸、携行方便等特点。不过整个设计不够坚固耐用，容易损坏。

美国海军陆战队预备役上尉梅尔文·约翰逊

枪械的研制历程 美国M1941约翰逊半自动步枪

1936年，美海军陆战队预备役上尉梅尔文·约翰逊在开始试制用以与M1“伽兰德”步枪竞争的半自动步枪。

1938年，约翰逊完成该枪的基本设计后，辞退海军火器公司的工作，在马萨诸塞州的波士顿独自设立公司，进一步设计约翰逊步枪。

1940年12月，美陆军对约翰逊试制的半自动步枪进行试验。

1941年12月，美国全面加入第二次世界大战，此时，美军装备的M1“伽兰德”步枪数量不足，于是就应急转用M1941约翰逊半自动步枪。

1943—1944年，随着M1“伽兰德”步枪的大批量生产步入正轨后，M1941约翰逊半自动步枪的产量也就逐渐减少，停止生产。

世界公认的步枪杰作 >>>

德国毛瑟 Kar98K 狙击步枪

主要诸元：

口径→*7.9 毫米*
全枪长→*1112 毫米*
枪管长→*600 毫米*
全枪质量（不带弹）→*3.9 千克*
初速→*755 米 / 秒*
最大射程→*800 米*
运作方式→*旋转后拉枪机*
供弹方式→*弹仓内置*
弹匣容量→*5 发*

毛瑟 Kar98K 狙击步枪实际就是枪管经过挑选的毛瑟 Kar98K 步枪与瞄准镜的结合。

第二次世界大战前所生产的毛瑟 Kar98K 步枪的质量是最好的。但是，随着战争的进程，毛瑟 98K 式卡宾枪在加速生产后，生产工艺和质量都下降了。战争期间，为了满足军队装备步枪数量的需求，生产厂商一再缩减成本，对枪进行了多次简化生产工艺的设计更改，例如：简化木制枪托，采用层板代替整块木材，枪托底部在 1944 年改为罩杯式冲压组件；前护箍由切削件改为冲压件点焊；弹仓底部及护弓也改成冲压钢板。后期制造的一些步枪，连枪管下方的刺刀座都省略了。战争后期纳粹德国面临战败物资匮乏，一些步枪的制作越发简陋，质量也每况愈下。

但这丝毫不会影响毛瑟 Kar98K 步枪成为第二次世界大战期间产量最多的轻武器之一，此间，共有 13 万支装备德国部队，曾给盟军造成很大伤亡。

德军的标准制式步枪
——毛瑟 Kar98K 步枪

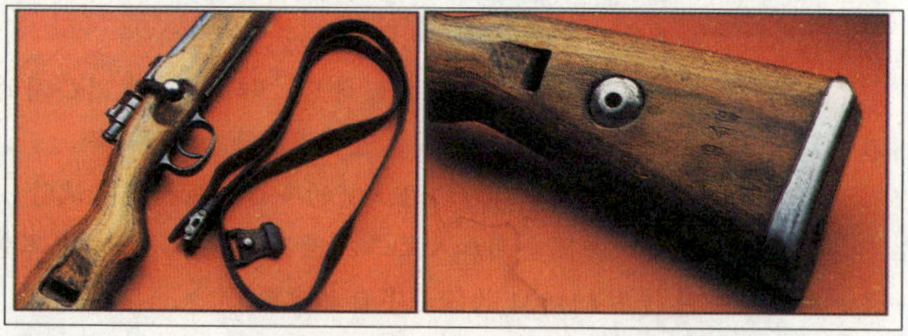

毛瑟 Kar98K、原型背带及枪托底板

古老的毛瑟 Kar98K 步枪依然是现代枪迷的挚爱。

毛瑟 Kar98K 步枪

尽管毛瑟 Kar98K 步枪性能优异，但是，随着战场上的对手相继装备了半自动步枪（苏军 SVT40 步枪、美军 M1 “伽兰德” 步枪），德国人认识到：这种手动步枪已经过时了！于是，德国人陆续推出了 Gew43 步枪、StG44 突击步枪，但是它们的出现，根本无法完全替代毛瑟 Kar98K 步枪，毛瑟 Kar98K 步枪一直生产到纳粹德国战败投降。

枪械的研制历程 德国毛瑟 Kar98K 狙击步枪

20 世纪 20 年代，德国秘密地发展军用武器，Kar98K 狙击步枪就是那个时候开始研制的。

1935 年开始服役，毛瑟 Kar98K 狙击步枪成为德军的标准制式步枪，由 Gew98 毛瑟步枪改进而来，后者曾在世界各地被广泛使用。

1935 年正式投产。

1944 年当年制造了 200 多万支 Kar98K 狙击步枪，年产量达到历史高峰。

毛瑟 Kar98K 步枪在战后被一些国家翻修和继续使用，作为一种经典的武器，仍然受到枪械爱好者的欢迎，并用于收藏、射击运动或狩猎。

彼得·保罗·毛瑟

红衣军团的屠刀>>>英国马蒂尼-亨利步枪

影片《祖鲁战争》的海报，表现了祖鲁战士为保护乡土而视死如归的勇气。

电影《祖鲁战争》用戏剧性的场面描述了这样一个场景：1879 年 7 月 4 日，数量不足 5000 人的英国红衣军团一排排整齐地排列在祖鲁帝国皇家围场东部，他们是英国皇家陆军的一部分，他们的对手是 20000 多人的祖鲁帝国的军队、无畏牺牲的武士。那些训练有素的红衣士兵们有条理地向马蒂尼-亨利步枪中装填着弹药，不断向靠近的人群射击，子弹连续不断地发射出去。伴随着不断响起的枪声，手持长矛汹涌而来的祖鲁士兵也在一排排倒下。

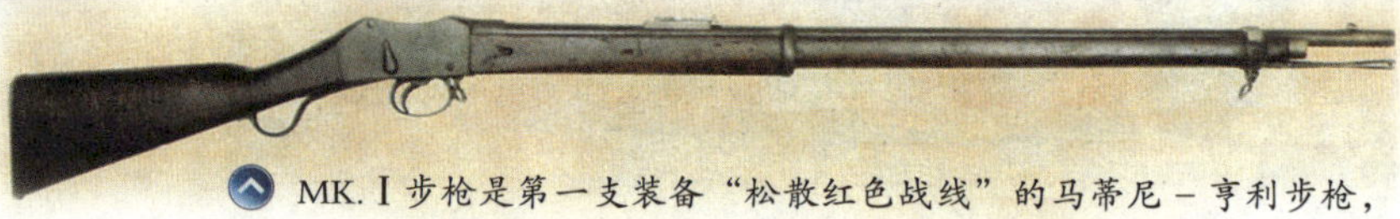

MK. Ⅰ步枪是第一支装备“松散红色战线”的马蒂尼-亨利步枪，图中是被升级了枪口套箍的 MK. Ⅰ步枪，可以使用 1887 剑形刺刀。

主要诸元：

口径→*0.45 英寸*
配用弹种→*鹿弹*
供弹方式→*后装弹*
配用标准刺刀→
刺刀全长 /635 毫米
刀刃长 /552 毫米

好多人都是通过这部电影认识马蒂尼-亨利步枪的，其实马蒂尼-亨利步枪是历史上第一支完全按照金属弹壳武器设计的后装枪。在英国及其殖民地服役时间超过了 30 年，在它服役期间，正是大不列颠帝国快速扩张的时期，从白雪皑皑的加拿大到沙漠肆虐的苏丹再到山脉纵横的阿富汗，都留下了它的身影。

马蒂尼-亨利步枪的传奇历史

一群旁遮普印度兵和他们的英国官员在 1883 年拍摄的照片，在英国采用了 SMLE 步枪很长时间后，马蒂尼还在殖民地部队服役

马蒂尼-亨利步枪的传奇历史始于美国马萨诸塞州的枪炮商亨利·皮博迪，马蒂尼修改了皮博迪的设计，用安装在枪机内部、由弹簧控制的击针代替了笨重的外置击锤，并且重新设计了机匣、加强了抽壳钩。这些改进措施减少了扣动扳机和枪弹点燃的时间间隔，使得该枪有更快的击发时间，从而使精度明显提高。另外一点不同的是，用来起落枪机的扳机护圈换成了起落杆。改进后的步枪不但比皮博迪步枪更可靠，而且射速也更快。马蒂尼的改进非常成功，因此很多人都只知有马蒂尼步枪而不知有皮博迪步枪。

我们紧跟时代>>>中国 85 式冲锋枪

85 式冲锋枪设计特色之一是采用了一个独特的拉机柄保险。机匣呈圆筒形，对全枪起连接作用，其前端连接接套，后端与尾铁相连。枪管尾端与接套连接，枪机在机匣内作纵向运动。85 式冲锋枪的机匣左侧有小孔，当枪机在前方位置时，拉机柄插入孔中并回转 90 度后，枪机就不能运动，可防止武器偶然发火，从而起到保险作用。解决了困扰自由枪机武器易走火的难题，排除了在做战术动作时会走火的隐患。

85 式微声冲锋枪主要装备侦察兵、伞兵、空降兵和其他执行特殊任务的人员。

主要诸元：

85 式轻冲

口径→7.62 毫米

全枪长→枪托打开 /682 毫米
枪托折叠 /444 毫米

全枪质量→1.9 千克

初速→500 米 / 秒

85 式微冲

口径→7.62 毫米

全枪长→枪托打开 /869 毫米
枪托折叠 /634 毫米

全枪质量→2.5 千克

初速→300 米 / 秒

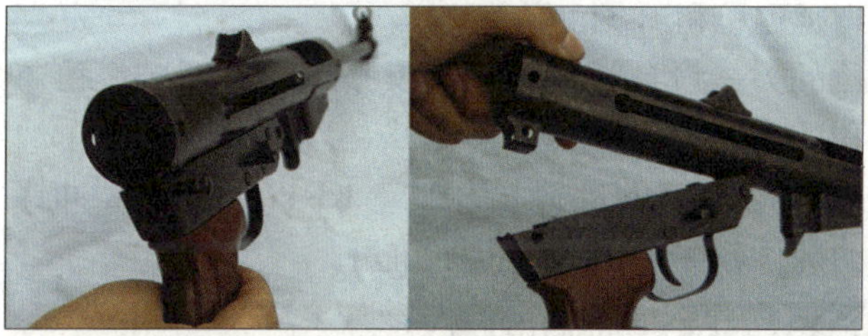

85 式冲锋枪的枪托可向右折叠

枪械的研制历程 中国 85 式冲锋枪

85 式冲锋枪研制时期正是中国文革结束、军品科研重新走向正规化时期。85 式冲锋枪的诞生可以说是一波三折。79 式冲锋枪设计定型后，反应出来的主要问题是故障率高、威力不足。在确定研制第二代冲锋枪后针对 79 式冲锋枪的问题出现了两种不同的意见：一是继续以 51 式手枪弹或其改进型为基础进行新冲锋枪的研制；二是以 56 式步、机枪弹为基础进行研制，大幅度提高武器的威力。经过充分论证，最终决定以 51 式手枪弹为基础进行第二代冲锋枪的研制，并扩展出微声冲锋枪的功能。

85 式冲锋枪在研制过程中引入了竞争机制，有多家单位参加了选型。最终经过多轮样枪的试制和试验选型，9616 厂的方案胜出，并成功通过国家靶场试验，于 1985 年获准定型。

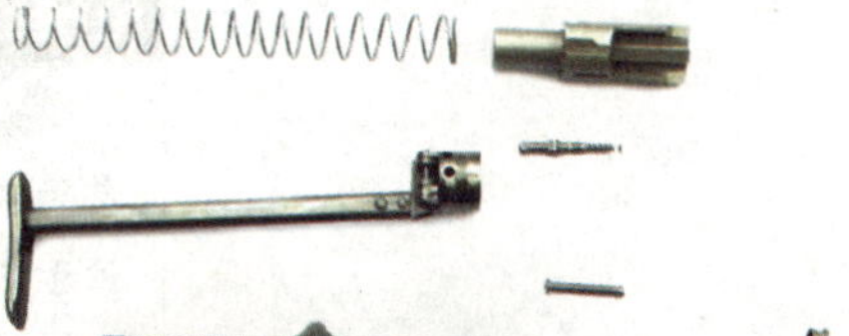

中国 85 式冲锋枪的不完全分解图

冲锋枪的“怪客”>>>

美国 KRISS Super V 冲锋枪

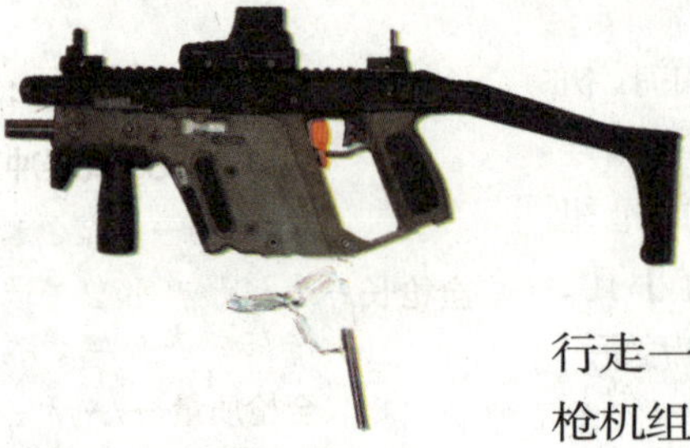

后坐力奇小的新式冲锋枪——KRISS SuperV 冲锋枪

美国 KRISS Super V 冲锋枪采用半自由枪机式自动方式，这种自动方式闭锁时枪管尾端不被锁住，当气体的压力降到安全水平并与枪机共同行走一定的距离后，枪管尾端才与枪机分离。发射时，枪机组件在相应的约束机构作用下减小后坐的速度。

KRISS Super V 冲锋枪也采用了延迟弹膛打开的机械装置，在这里称为平衡块。枪机和枪管在一条直线上，枪机尾部有左、右两个突耳，突耳卡在平衡块的定位槽内。定位槽的传动斜面对枪机有一短暂的反作用力，起到延迟枪机开锁的作用。

该枪的另一设计特色是通过反平衡缓冲器减小枪口的上跳和后坐力。

另外，与以前的冲锋枪相比，KRISS Super V 冲锋枪的运动部件较少，大大降低了重量。

主要诸元：

口径→0.45 英寸

枪管长→140 毫米

全枪质量→2.18 千克

弹匣容量→20/25/28/30 发

枪械的研制历程 美国 KRISS Super V 冲锋枪

发射 0.45ACP 枪弹的冲锋枪易于控制，后坐力也被控制在一定的水平，是非常理想的近战武器。基于上述理念，于是，总部位于华盛顿的 TDI 公司为满足现实的需要，推出了 KRISS Super V 新型冲锋枪。

独特的设计不仅大大降低了后坐力，使枪口在全自动射击时基本不会上跳，而且还使该枪的重量比同类武器减轻了 50%左右，零件总数也减到最少。

由于 KRISS Super V 的后坐力小而容易控制、外形紧凑小巧而方便携带，因此很适合 CQB 或非一线战斗人员用作自卫武器。

在 2007 年 SHOT Show 上展出的 KRISS Super V 冲锋枪

在2007 年 SHOT Show 上展出的 KRISS Super V 冲锋枪

一个时代的印象>>>

美国汤普森 M1928A1 冲锋枪

取下弹匣的汤普森 M1928 冲锋枪

M1928A1 冲锋枪采用独特的半自由枪机式工作原理，枪机上有一个用青铜制成的 H 形延迟后坐块，位于枪机向后倾斜 70° 角的凹槽内，作用是在发射瞬间通过不同角度的摩擦阻力来延迟枪机后坐。当膛压开始下降时，通过 H 块两侧的开锁凸起与机匣上的开锁斜面相互作用使 H 块上升，枪机开始向后运动。该延迟机构虽然避免了枪机早抽壳、炸壳故障，但结构复杂。枪管外部加工有环形散热槽，枪口部有一个锯齿形减震器。

主要诸元：

口径→*0.45 英寸*
配用弹种→
11.43 毫米柯尔特自动手枪弹
全枪长→*852 毫米*
枪管长→*267 毫米*
全枪质量（不含弹匣）→*4.9 千克*
初速→*282 米／秒*
供弹方式→*弹匣／弹鼓*
弹匣容量→*弹匣 /20/30 发*
弹鼓 /50/100 发

汤普森 M1928 冲锋枪的实弹射击场面。20 发弹匣容量的性能优于 50 发容量的弹鼓。

枪械的研制历程 美国汤普森 M1928A1 冲锋枪

汤普森冲锋枪是以美国汤普森将军命名，但实际上是由美国人 O·V·佩思和 T·H·奥克霍夫设计的。该冲锋枪的早期研制产品是 M1919，它的最早的生产型是 M1921，后来又相继出现了 M1923、M1928 系列冲锋枪。

1930 年，M1928A1 研制成功，并少量装备了美军，第二次世界大战中还为英、法等盟国军队所使用。

1942 年，对 M1928A1 式进行了改进，发展了 M1 冲锋枪，并正式装备美军，成为美军第一支制式冲锋枪，后来在 M1 的基础上又改进为 M1 A 1 冲锋枪。

第二次世界大战期间，汤普森冲锋枪生产量达 140 多万支。

1945 年，停止生产。

“卫国”英雄 >>> 苏联波波莎 41 冲锋枪

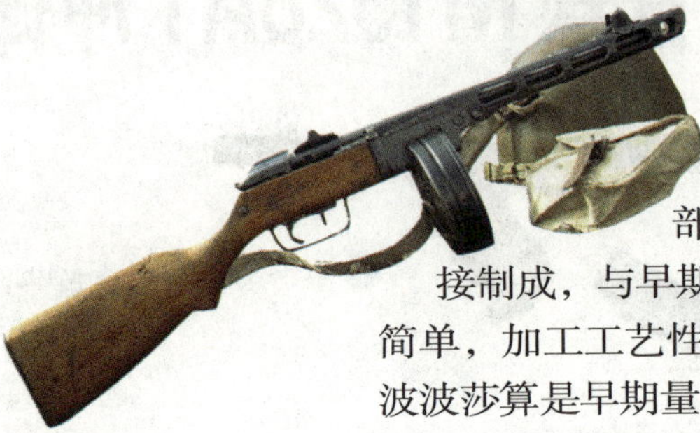

波波莎 41 冲锋枪的结构特点是大部分零部件都用钢板冲压、焊接、铆接制成，与早期的 ППД 系列冲锋枪相比较，结构简单，加工工艺性较好，理论射速和射击精度都较高。波波莎算是早期量产武器中相当成功的例子之一。由于需求量大，大部分零件皆为钢板冲压成型，焊接及铆接的技术亦大量使用。虽然枪托部分采用旧式的设计，不过它依旧是一支坚固且可靠的好枪。波波莎冲锋枪更适合在苏联的严寒条件下作战。

实践证明，波波莎 41 冲锋枪是第二次世界大战中主要的苏式武器，以至于现在在世界的一些热点地区仍能看到它的身影。

主要诸元：

口径→*7.62 毫米*

配用弹种→*7.62×25 毫米托卡列夫手枪弹*

全枪长→*843 毫米*

枪管长→*269 毫米*

初速→*488 米 / 秒*

供弹方式→*弹匣 / 弹鼓*

瞄准基线长→*391 毫米*

列宁勋章，斯帕金因其在轻武器设计方面的卓越成就而获得此勋章。

武器展示会上的波波莎 41 冲锋枪

枪械的研制历程 苏联波波莎 41 冲锋枪

波波莎 41 冲锋枪（ППШ-41）由苏联著名轻武器设计师斯帕金设计，该枪经过 1940 年年底至 1941 年年初的全面部队试验。

1941 年，正式装备苏军。

1942 年年中，开始大批量生产。

直到 20 世纪 40 年代末，共生产了 500 多万支。

特种部队"专用"冲锋枪>>>

德国 HK MP5 冲锋枪

HK MP5 冲锋枪是由德国 HK 公司开发研制的微型武器。MP5 冲锋枪的性能优越，特别是它的射击精度相当高，这是因为 MP5 冲锋枪采用了与 G3 步枪一样的半自由枪机和滚柱闭锁方式，而当时大部分冲锋枪均采用枪机自由后坐式以减少零部件，降低造价。

全世界特种部队选用最多的冲锋枪——HK MP5 冲锋枪。

MP5 冲锋枪的特点是近距离射击精度准，尤其是采用点射时，枪体后坐力小，枪口抖动幅度小，可以快速地进行第二次击发，而不受第一次击发的影响。

主要诸元：

口径→9 毫米

弹匣容量→30 发

全枪质量→3.42 千克

射速→11 发 / 秒

HK 公司的出众之处在 MP5 冲锋枪上均有体现：可靠、易用、维修方便而且安全。MP5 冲锋枪被全球 50 余个国家的军、警部队采用。

MP5 冲锋枪系列包括：MP5A 基型系列、MP5SD 微声系列和 MP5K 超短型系列。

装备 MP5SD 微声冲锋枪的法军士兵。装有消声器的 MP5SD 冲锋枪虽然有所变长，但仍保持着出色的携带操作性能以及轻量的特点。兼起着手动保险作用的快慢机设在枪左侧的机匣部位。

摩加迪沙反劫机，MP5 一战成名

1977 年 10 月 13 日，联邦德国汉莎航空公司一架波音 737 客机在飞往德国途中被 4 名恐怖分子劫持，机上共有 87 名乘客。被劫航班最后被迫降落在索马里首都摩加迪沙。其间，恐怖分子枪杀了一名人质。德国急调 30 名德国边防军第九大队（GSG9）队员赶往摩加迪沙。GSG9 队员每人都配备了 MP5 冲锋枪，在英国空降特勤队和索马里部队的配合下冲进机舱，用手中的 MP5 把 3 名劫机犯脑袋开了花，另 1 名劫机犯则在重伤后被擒。整个行动前后只用了 5 分钟。

波音 737 客舱狭小，目标混杂在人质和坐椅中间。这种环境对枪械的尺寸和精度要求非常严格。GSG9 配备的 MP5 冲锋枪能够较好地满足狭小空间作战的要求。这次行动使得 MP5 的精确性能和威力得到了有力证明，该枪也在一夜之间名声大噪。此后，世界各国的特种部队都对此枪大为青睐，纷纷选用该枪为反恐专用枪支。

活跃在中国的国际斗士>>>

英国司登 MK.Ⅱ型冲锋枪

主要诸元：

口径→*9 毫米*

全枪长→*762 毫米*

枪管长→*197 毫米*

全枪质量（不含弹匣）→*2.8 千克*

弹匣容量→*32 发*

初速→*366 米 / 秒*

理论射速→*550 发 / 分*

有效射程→*200 米*

司登系列的原型为 MK.Ⅰ型冲锋枪，枪管护筒口部焊有一个斜切的喇叭形制退器，枪身前部安装有一个可以向前折叠的圆柱形木制握把，握把和扳机护圈之间的枪身部分有木制的枪托，后托用单根铁管和铁皮焊接而成，不可折叠。

MK.Ⅰ型冲锋枪的结构在军方看来仍显复杂，生产进度也不能让军方满意。从 1942 年开始，更为简化的 MK.Ⅱ型冲锋枪投入生产。MK.Ⅱ型冲锋枪取消了木制握把和枪托，除了枪管和枪机体需使用机床进行精密切削加工外，其余部件均使用成型的管材和冲压件。

没有人能想到，这种看似简陋、粗糙的冲锋枪会发展为一个系列，在第二次世界大战期间总共生产了 400 多万支，被多国军队采用。

加拿大为中国生产的改装的司登 MK.Ⅱ型冲锋枪

弹匣座右侧刻有型号、厂名、制造年份。

弹匣座左侧刻有“司登手提机枪加拿大造”字样。

影视剧中的司登 MK.Ⅱ型冲锋枪

司登 MK.Ⅱ型冲锋枪在司登系列中生产的数量最多，在影视剧中出镜率最高。

1942—1944 年，英国为中国国民党军队提供了一批加拿大制造的司登 MK.Ⅱ型冲锋枪，用于抗日战争。在《血战台儿庄》、《太行山上》等影视剧中多次出现国民党军队使用司登 MK.Ⅱ型冲锋枪的镜头。当然，这里必须指出的是，影视剧中所反映的年代司登冲锋枪还没有诞生，但从另一个侧面说明此枪在抗日战争期间曾被国民党军队广泛使用。解放战争中，人民解放军从国民党军队中缴获了许多司登 MK.Ⅱ型冲锋枪。电影《董存瑞》中，董存瑞在最后关头舍身炸敌人碉堡时手中拿的也是一支司登冲锋枪。

冲锋枪的王者>>>以色列乌齐冲锋枪

乌齐冲锋枪采用前套式中空枪机，将枪机前半段镂空再套住枪管。射击循环方式是以简单的反冲原理，与开枪机射击模式，虽然反冲原理的机械结构较简易，但有容易走火的缺点，所以特别沿用捷克 ZK476 的握把保险。

最令人津津乐道的是手枪握把式的弹匣插入口，虽然原创者是捷克，但却是乌齐·盖尔将其发扬光大的，这项设计能使射手在与敌军近战交火时迅速更换弹匣，保持持续火力。

火力超猛的以色列乌齐冲锋枪

乌齐冲锋枪初期标准型是采用木质前护木与木质固定枪托，并配有刺刀以便行肉搏战，后来才发展出两截式金屑枪托并换装塑料质前护木。

以色列乌齐冲锋枪主要有 4 种变型，分别为标准型、轻型、微型和手枪型。此外在民用市场上还被扩展成了很多口径序列，以及半自动型、卡宾枪型等。

主要诸元：

口径→9 毫米
全枪长→枪托打开 /650 毫米
枪托折叠 /470 毫米
枪管长→260 毫米
全枪质量→3.7 千克
初速→400 米 / 秒
自动方式→自由枪机式
供弹方式→弹匣
弹匣容量→25/32 发

乌齐冲锋枪三种型号从左至右分别是标准型、轻型、微型。

乌齐的微型版本，但是火力丝毫不弱。

乌齐冲锋枪的设计者乌齐·盖尔

乌齐·盖尔

以色列人乌齐·盖尔无疑是响当当的一位英雄，由他设计的乌齐冲锋枪不但是世界上最著名的冲锋枪之一，而且在历次阿以战争中也是声名显赫，成为敌对双方均大量使用的重要武器之一。

1948年5月14日，第一次阿以战争爆发。在战争期间，乌齐·盖尔在以色列北部参加了很多次战斗，由于表现突出，很快就被选去参加一个军官训练班。在训练班上，乌齐·盖尔首次向人们展示了他在家乡亚古尔农场设计的冲锋枪样枪。凑巧的是，当时的教官迈耶·斯洛丁斯基早年也曾从事过武器的设计工作，看到乌齐的设计后，迈耶很快对这个天才小伙子产生了浓厚的兴趣，在他的大力举荐下，1949年10月，乌齐·盖尔被吸收为冲锋枪研制小组的成员，从而有了一展才华的机会。

在当时，由于以色列工业基础薄弱，加之面对沙漠作战环境复杂的难题，研制一支新的冲锋枪对年轻的乌齐·盖尔而言并不是一件容易的事。以色列军方对新式冲锋枪的要求是：制造简单、坚固耐用、轻便短小、火力强大、防沙性高。据称乌齐·盖尔在研制乌齐冲锋枪过程中大量汲取了捷克M23、M25冲锋枪的设计思想，并参考了司登冲锋枪和BSA冲锋枪的设计经验。

有意思的是，乌齐·盖尔在推出乌齐冲锋枪后曾受到过起诉，理由是乌齐冲锋枪是捷克M23的仿制品，乌齐·盖尔涉嫌抄袭！后来在经过对两支枪的对比分析后，结果自然是一目了然，自然也就不了了之了。

经过两年的研制和不断改进，乌齐·盖尔研制的冲锋枪最终战胜了由以色列人查姆·卡拉设计的冲锋枪，正式被以色列国防军采用。

有趣的是，在冲锋枪设计成功后，命名时却发生了小小的争执，乌齐·盖尔最初将该枪命名为“UMI”，即以色列国首个字母的缩写，后在军方的要求下，才按乌齐姓氏希伯来语的缩写而简称为UZI，在中国也被译为乌齐。

乌齐·盖尔的晚年一直在从事乌齐冲锋枪的设计和改进工作。2002年9月19日，经过与癌症抗争一年后，乌齐·盖尔在美国费城逝世，后被埋葬在家乡亚古尔农场。乌齐·盖尔一生获得过很多荣誉，1958年，以色列总理大卫曾亲自为其颁发国家安全荣誉勋章，他也是以色列获得这种荣誉的第一人。

乌齐·盖尔逝世后被埋葬在家乡亚古尔农场。

祖国的骄傲>>>中国81式枪族

81-1式折叠托步枪全图

主要诸元：

口径→7.62毫米

初速→720米/秒

全枪长→81式木制枪托/955毫米
81-1式折叠枪托/730毫米

全枪质量→3.4/3.5千克

弹匣容量→30发

有效射程→400米

81式班用枪族是在中国德高望重的轻武器专家程尔康教授倡导下发展起来的，于1981年设计定型，包括81式步枪、81-1式折叠托步枪和81式班用机枪。

81式7.62毫米步枪（木托）、81-1式7.62毫米步枪（折叠枪托）、81式7.62毫米轻机枪，这3种武器的主要结构相同，约有65种零部件可以互换通用。

81式枪族射击精度好，动作可靠，质量轻，枪身短，结构简单紧凑，枪体携行方便，机动性好，火力猛，寿命长，一枪多用，弹鼓、弹匣等多数零部件都可以在枪族各枪之间互换通用，全枪外形美观大方。81式枪族的成功，标志着中国轻武器界在论证、设计、研制、生产方面达到了一个新水平。

81式步枪的弹鼓带弹与弹匣

持81式训练中的士兵

枪械的研制历程 中国81式枪

1981年，设计定型。

1983年，全军装备，全面替代了56式武器，是中国军队目前的正式装备。

世界级的国产现役步枪>>>

中国 QBZ95 式无托小口径自动步枪

中国 QBZ95 式无托小口径自动步枪采用了无托枪身结构，导气式自动工作原理，枪机回转式闭锁机构，射击模式分为单发、连发两种，95 式的自动机构部件与全枪族枪械可以实现完全通用，其他部件的通用比例也是很高。

95 式在减轻重量方面也进行针对性的设计，全枪除了部分关键零件依然使用钢质材料外，其余大部分零部件均采用高强度轻质材料来降低全枪重量，提高了武器的携行能力。

对于现在世界自动步枪所强调的模块化理念，在 95 式的附件当中也得到了体现，其在瞄准具方面除了枪身自带的机械瞄准具外，还另外配有针对远距离目标瞄准的白光瞄准镜以及专为夜间微光条件下使用的微光夜视瞄准镜。

在军刺方面，95 式军刺采用了以外军刺刀为参考原型的设计方案，除了光学瞄准镜和军刺之外，95 式还装配有榴弹发射器附件。

主要诸元：

口径→*5.8 毫米*

配用弹种→

DBP87 型 5.8×42 毫米标准弹

全枪长→*746 毫米*

枪管长→*463 毫米*

初速→*930 米 / 秒*

有效射程→*400 米*

弹匣容量→*弹匣 /30发*
弹鼓 /75 发

枪械的研制历程 中国 QBZ95 式无托小口径自动步枪

20 世纪 70 年代末，欧洲最先刮起了一阵“无托”步枪热，法国的 FAMAS、奥地利的 AUG、英国的 SA80 相继问世并装备军队。20 世纪 80 年代末，中国也开始了研制自己的无托小口径步枪。QBZ95 式无托小口径自动步枪（以下统称为 95 式）是中国在 1995 年设计定型并投入生产的标准制式武器，于 1997 年在香港执行驻港任务的中国人民解放军驻港部队最先列装，使得中国人第一次在电视中认识了这款中国自主研发的新型无托小口径步枪。

以 95 式为代表的中国 95 式枪族正是以香港回归为起点，开始了逐渐替代 81 式枪族成为中国武装力量单兵制式轻武器的进程。

在演习中使用的 95 式步枪

山姆大叔紧握的卡宾枪>>>美国M1卡宾枪

世界公认的美国第一卡宾枪——美国M1卡宾枪。

M1卡宾枪采用短行程活塞的导气式工作原理，枪机回转闭锁方式，单发射击，自动装填子弹，由15发弹匣供弹。导气孔位于枪管中部，在枪管下方，火药燃气通过导气孔进入导气室并推动活塞筒中的活塞使枪机框后坐后，枪机框导槽带动枪机的导向凸起开始旋转，枪机开锁。在枪机后坐过程中，其上的抽壳钩将弹壳拉出弹膛后抛出。枪机框后端撞击机匣时，枪机框停止后坐，然后被压缩的复进簧伸张，推枪机复进，同时推弹入膛。枪机上的导向凸起和枪机框导槽的相互作用，枪机回转，实现闭锁。然后枪机框继续复进，将活塞顶入活塞筒才完全停止。此时，枪再次呈待击状态。

M1卡宾枪具有质量轻、射击时容易控制等优点。与当时的步枪相比，便于更换的弹匣和较大的容弹量，实际射速高而且后坐力低，其射击精度和侵彻作用比使用手枪弹的冲锋枪强。在第二次世界大战期间，M1卡宾枪被认为是一种有效的近战武器。

主要诸元：

口径→7.62毫米
配用弹种→7.62×33毫米枪弹
全枪长→904毫米
枪管长→458毫米
初速→607米/秒
有效射程→300米

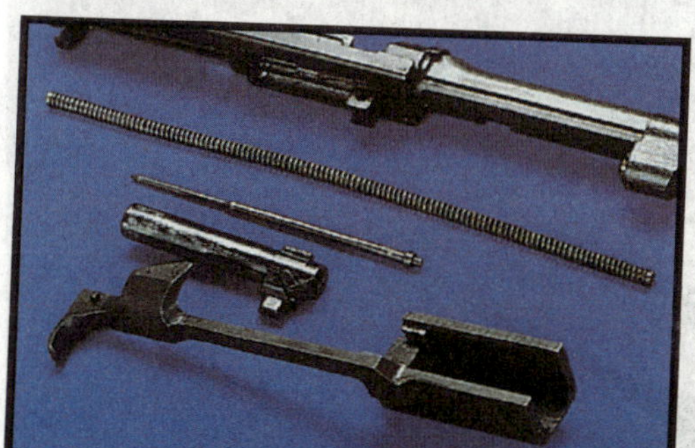

从枪上卸下的复进簧、复进簧导杆、枪机和枪机框

卸下枪机框后所看到的枪机与机匣的闭锁状态，枪机左侧的凸起正卡在机匣的槽中。

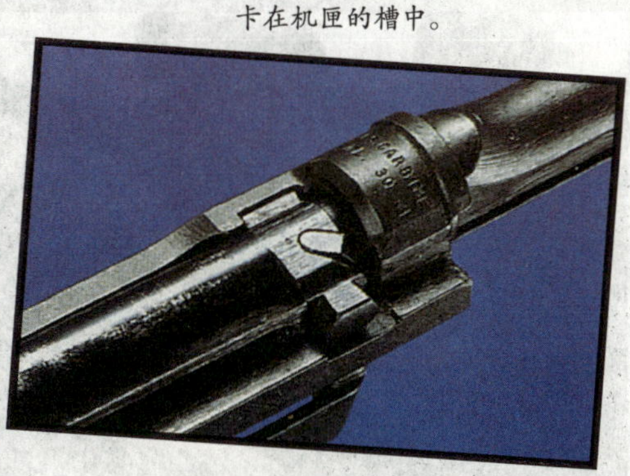

机匣是由结合有枪管和表尺的上机匣和结合有扳机、击锤等击发、发射机构的下机匣两部分来组成。

戴维特·马歇尔·威廉斯

纪录片导演手持M1卡宾枪站在威廉斯的蜡像前拍照。

威廉斯其人

作为“发明卡宾枪的男子”、“因杀人罪而在狱中服役时发明M1卡宾枪的男子”而成名，被人们称之为“卡宾·威廉斯”的就是戴维特·马歇尔·威廉斯。

他出生在北卡罗来纳州的坎巴兰德。当时对于在田园环境中生长的孩子们来讲，枪是必不可少的生活工具，威廉斯本人也从很小就开始迷上了枪。遗憾的是威廉斯父亲的宽容程度并未达到能给幼小的威廉斯购买真手枪的程度。在他7岁那一年，他利用铁管、木材和橡胶轮胎等材料手工制作了一支手枪，这一玩具般的自制手枪成了他本人长期枪械设计生涯中最具有纪念意义的第一个作品。

威廉斯所从事的“秘密酿酒”并不是正当职业，而是属于违法的行为。1921年早春的一个夜晚，他的秘密酿酒地点遭到了治安员们的突袭，在黑暗和混乱中治安员中有一人中弹死亡。事后威廉斯坚持说自己并没有开枪，长期成为他的顾客的周围的人们也都相信威廉斯是清白的，但法庭仍然宣判威廉斯有罪，并把他关进了北卡罗来纳州的监狱里。忍受着冰凉的铁链折磨完成白天劳动的威廉斯，一到晚上就在牢房里专心致志地投入到新型卡宾枪的设计。尽管他只读过几年小学，没有接受过任何正规的物理学教育，但他仍然设计出了非常符合物理学原理的半自动卡宾枪。真不愧是天才！就算不是天才，至少也具备了常人所不具备的奇特的才能……后来证明，他是清白的。同时他设计的枪也和他的经历一样成为了一个传奇。

第二次世界大战题材电影中使用M1卡宾枪的美军士兵。

独霸半个世界的武器>>> 美国 M16 自动步枪

M16 自动步枪采用导气管式工作原理。该枪与普通导气式步枪不同，没有活塞组件和气体调节器，而采用导气管。枪弹被击发后，火药气体经导气孔高速进入导气管，并直接进入机框与枪机之间的气室。枪机上的密封圈阻止气室内的火药气体前进，因此急剧膨胀的气体便推动机框向后运动。机框走完了自由行程，其上的开锁螺旋面与枪机闭锁导柱相互作用，使枪机右旋开锁，而后机框带动枪机一起继续向后运动。

M16 系列自动步枪采用机械瞄准具，准星装在直立式三角形准星座上，表尺装在框形提把中。采用柱形准星、L 形表尺和觇孔照门。

主要诸元：

口径→*5.56 毫米*

配用弹种→*5.56×45 毫米 M193 子弹*

全枪长→*986 毫米*

枪管长→*不含消焰器 /508 毫米*
含消焰器 /533 毫米

全枪质量→*3.73 千克*

初速→*975 米 / 秒*

弹匣容量→*20/30 发*

膛线→*6 条，右旋*

瞄准基线长→*501 毫米*

美国著名的枪械设计师斯通纳设计的 M16 系列自动步枪

枪械的研制历程 美国 M16 自动步枪

1957 年，美军装备 7.62 毫米口径 M14 自动步枪之后，就正式提出设计新枪。

1957 年，阿玛莱特公司设计的 AR-15 步枪方案中标。在阿伯丁试验场试验取得满意结果后，又根据寒冷地区试验结果对 AR-15 步枪作了一些改进。

1959 年 12 月，AR-15 步枪的生产权卖给了柯尔特轻武器公司。

1962 年，美国空军首先采购 8500 支 AR-15 步枪装备机场警卫部队，并将其命名为 M16 步枪。

1964 年，陆军正式装备该枪。

1967 年，定型。

1969 年，大量装备美军。M16 自动步枪逐渐成为了成熟而可靠的武器系统。

“世界枪王”的终结者>>>

俄罗斯 AN94 突击步枪

主要诸元：

口径→*5.45 毫米*

全枪长→*枪托打开 /943 毫米*
枪托折叠 /728 毫米

枪管长→*405 毫米*

全枪质量（不含弹匣）→
3.85 千克

膛线→*4 条，右旋*

瞄准具→
长方形准星，带准星护翼

AN94 突击步枪是根据混合后坐力动作机理设计的，采用单发、双发和连发射击方式，射击密集度超过 AK–74 数倍。

AN94 突击步枪保存了用枪托肉搏的特性，可挂枪榴弹，也能安装拆卸多用途枪刺，而且装卸快速方便。

该枪外表上最引人注目之处是采用了塑料，即玻璃纤维增强的聚酰胺。导气管位于枪管上方的护木里。枪管和机匣作为一个整体在枪托里运动。在枪托后上端安装有可旋转的“Asterix”型觇孔瞄准具，觇孔有不同的高度。

在有护翼保护的钉子形准星旁边也有发光源。准星本身可调整风偏和高低。

武器展览会上的 AN94 突击步枪

少数部队装备了 AN94 突击步枪

枪械的研制历程 俄罗斯 AN94 突击步枪

AN94 突击步枪的首次亮相是 1993 年在 Nizhny—Nov—gorod 举行的一次高级武器展览会上。允许参观这次武器展览的人员严格限制在俄罗斯技术专家或者高级政府官员中。

早在 1996 年，俄罗斯国防部宣布，俄陆军和海军陆战队开始装备 AN94 突击步枪，然而由于经费限制，至今只有少数部队装备了它。

1999 年 8 月车臣战争中，首次使用 AN94 突击步枪的俄海军陆战队士兵都说它“棒极了”。士兵像爱护小提琴一样爱护它。

G3 有了接班人 >>> 德国 HK G36K 卡宾枪

HK G36 卡宾枪的家族主要有 5 个成员：G36 标准型、G36K 卡宾枪、G36C 突击步枪、MG36 轻机枪和民用型的 SL8 运动步枪。

HK G36 卡宾枪的闭锁装置仿自 M16 自动步枪，但 HK G36 卡宾枪的导气装置却比 M16 自动步枪又细又长的导气管要好，因为导气管容易被外来异物堵塞或积炭，所以 M16 自动步枪常常被抱怨在恶劣的使用条件下不可靠，而在 HK 公司的宣传中，HK G36 卡宾枪的可靠性与 AK 步枪一样好，在中途不对枪管和导气装置进行任何保养的情况下，连续发射 25000 发以上的子弹，没有出现过一次卡壳之类的故障，性能极为可靠。

HK G36 卡宾枪的发射机构只有单发和连发两种自动方式，不过为满足不同用户的需求，HK 公司设计了带三发点射装置的发射机构配件，这种配件可以很方便地更换上去。HK G36 卡宾枪的扳机扣力并不平滑，射手要好好练习才行。

主要诸元：

口径→*5.56 毫米*

全枪长→*枪托打开 /860 毫米*
枪托折叠 /615 毫米

枪管长→*320 毫米*

全枪宽→*64 毫米*

全枪质量（不含弹匣）→*3.3 千克*

供弹方式→*弹匣 / 弹鼓*

弹匣 / 弹鼓容量→*30/100 发*

装备了 HK G36K 卡宾枪的特种部队队员

装备情况

HK G36 卡宾枪已经装备德国联邦国防军几年了，除德国联邦国防军外，西班牙军队也已经装备了这支卡宾枪，另外一些西方国家也正在对将来采纳 HK G36 卡宾枪系列的可能性进行评估，挪威可能会是第三个装备 HK G36 系列的国家。而 HK G36K 卡宾枪则成功地大举进攻特种部队和执法机构的武器市场，在美国，有一些特警队已经装备了 HK G36K 卡宾枪，而最近英国媒体报道，英国警察在 2000 年中期已经携带 HK G36K 卡宾枪上街执行任务了。

惊艳世界的卡宾枪“美女”>>>

意大利伯莱塔C×4“风暴”卡宾枪

主要诸元：

口径→9×19毫米/9×21毫米/0.40英寸/0.45英寸

全枪长（调整枪托）→755～810毫米

全枪宽→63毫米

全枪高→190毫米

枪管长→423毫米

全枪质量→2.57千克

瞄准装置→照门可选择50米、100米两种射程，准星具有上下微调功能

伯莱塔C×4“风暴”卡宾枪的设计者是意大利人乔杰特·休基阿罗，他非常注重人机工程学，设计出了消除棱角的漂亮又时髦的流线型外观。这种流线型外观设计的采用，有效地避免了枪被衣服挂住而妨碍操作的弊端。

伯莱塔C×4“风暴”卡宾枪还采用了左右手的射手都能使用的设计。一旦熟练掌握了操作，可在短短40秒内，不用任何工具，就能把拉机柄从枪的右侧转换到枪的左侧，或者是进行相反方向的转换。

伯莱塔C×4“风暴”卡宾枪的外壳全部用塑料制成。此外，还有带有消声器的同尺寸枪管和短枪管。伯莱塔C×4“风暴”卡宾枪上采用的枪机是伯莱塔公司拿到许可证的新规格自由枪机系统，其具体结构目前尚处于保密状态。

伯莱塔C×4“风暴”卡宾枪上安装有5个不同大小的皮卡汀尼导轨，上方的长导轨上可安装光学瞄准镜或红外瞄准镜；下前方的导轨上可安装前握把；前护木左右两侧的导轨和枪管下方伸出的延长导轨上可安装激光照射器或前方照明灯。

意大利伯莱塔C×4“风暴”卡宾枪使左右手射手都能熟练操作。

伯莱塔C×4“风暴”卡宾枪的分解非常简单，每支枪还配有3个枪托延长块。

博采众长的先行者>>>

奥地利斯太尔AUG无托突击步枪

斯太尔AUG无托突击步枪是一种导气式、弹匣供弹、射击方式可选的无托结构突击步枪。

斯太尔AUG无托突击步枪把以往多种已知的设计意念聪明地组合起来，结合成一个可靠美观的整体：

1．无托结构，2．塑料制的武器主体，3．采用望远瞄准镜为标准瞄准具，4．模块化设计。

斯太尔AUG无托突击步枪有4种基本的枪管：标准步枪枪管长508毫米，冲锋枪型枪管长350毫米，卡宾枪型枪管长407毫米，而重型枪管（即轻机枪枪管）长621毫米。在任一种步枪上都可以在数秒内更换其他的枪管。只需要更换一些套件，不需要专门的工具，斯太尔AUG无托突击步枪就能转换成一支9毫米口径的冲锋枪。每种枪管都有消焰器，用螺纹固定在枪管上。

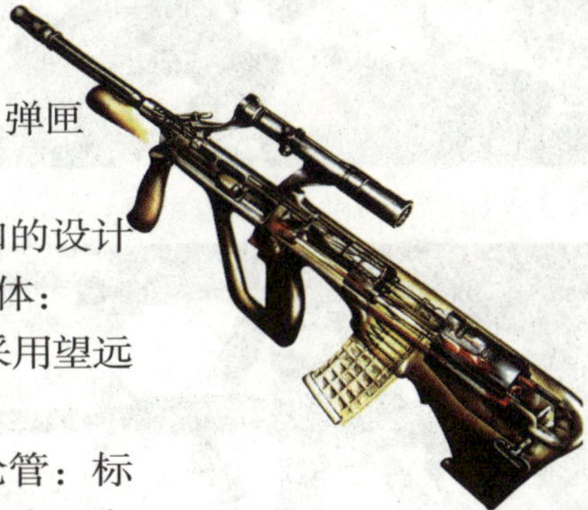

斯太尔AUG无托突击步枪剖视图

主要诸元：

口径→5.56毫米

全枪长→790毫米

枪管长（标准枪管）→508毫米

全枪质量(不含弹匣)→3.6千克

膛线→6条，右旋

初速→970米/秒

弹匣容量→30发

斯太尔AUG无托突击步枪是世界上较早出现的无托突击步枪之一。

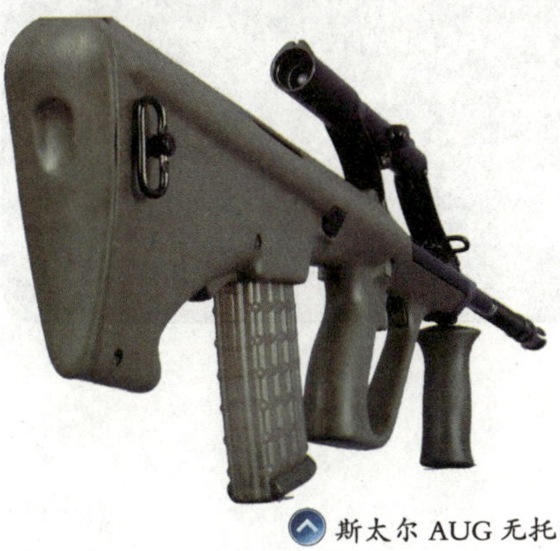

斯太尔AUG无托突击步枪的侧视图

解剖斯太尔AUG无托突击步枪

奥地利陆军装备的 StG77

MP5（上）、M4A1（中）、斯太尔 AUG（下）

斯太尔 AUG 无托突击步枪的不足之处是结构比较复杂，活塞与前握把挨得很近，易灼伤在前的手，扳机力偏大，光学瞄准具视场小，必须达到镜轴眼轴重合的要求，并且要用手控制发射方式，这使射手难以获得迅速准确的射击效果。该枪前小后大，前“瘦”后“肥”，背带环的位置也不够合理，使该枪背挂、携行以及战斗使用难以得心应手，恶劣条件下的可靠性也较差。

枪械的研制历程 斯太尔 AUG 无托突击步枪

20 世纪 60 年代后期，斯太尔 AUG 突击步枪开始研制，其目的是为了替换当时奥地利军方正在采用的 StG58（FN FAL 自动步枪）步枪。经对比试验，斯太尔 AUG 突击步枪的性能表现可靠，而且在射击精度、目标捕获和全自动射击的控制方面表现优秀。

1977 年，斯太尔 AUG 突击步枪正式被奥地利陆军采用，并命名为 StG77（意思是“1977 型突击步枪”）。

1978 年，开始批量生产。从那时起，斯太尔 AUG 突击步枪除奥地利外，被多个国家的军队所采用。

斯太尔 AUG 的装备：

突尼斯在 1978 年就开始购买 AUG，估计至少 7 万支；

阿曼在 1982 年开初装备 AUG，约 3 万支；澳大利亚是在 1985 年宣布把 AUG 作为制式步枪，并定名为 F88 步枪，最初装备量为 67000 支，然后澳大利亚利思戈枪厂获得 AUG 的特许生产权和出口销售权，到 20 世纪 90 年代中期产量已达 28 万支；

新西兰原计划装备 M16A2，考虑到和澳大利亚的装备一致，因此也改为装备了 AUG；

沙特阿拉伯自 1980 年开始装备 AUG，约 10 万支；

爱尔兰是在 1988 年开始装备 AUG 的；

此外，马来西亚、阿根廷、赤道几内亚、摩洛哥和其他一些国家的军队也装备有一定数量的 AUG，哥伦比亚的 M-19 游击队也经由利比亚从突尼斯获得了大量的 AUG；

AUG 也被美国海军“海豹”突击队、英国 SAS 和部分英国警察采用，SAS 曾经宁愿继续使用 FAL 或采购 M16A2 也不使用本国的 SA80，而 AUG 是 SAS 唯一使用过的无托突击步枪；同时 AUG 也广泛地被世界上多个保安机构和执法机构购买，包括美国海岸警卫队。很少有无托结构的步枪获得执法机构或特种部队的采用，而 AUG 是个例外，可以说，斯太尔 AUG 是商业上最成功的无托结构的突击步枪。1997 年，斯太尔-曼利彻尔开始生产 AUG 的新型号——AUG-A2。

浪漫国度的旗帜 >>>

法国 FAMAS 无托突击步枪

FAMAS 无托突击步枪结构非常有特色，枪机置于枪托内，全枪长度大大缩短了，长长的整体式瞄准具提把，自带的两脚架，由于 FAMAS 无托突击步枪采用无托结构，机匣位于贴腮处，抛壳方向可以左右两边变换，以避免用左手射击时被弹壳打到脸上。有单发、三发点射和连发 3 种射击方式。

FAMAS 无托突击步枪不需要安装附件即可发射枪榴弹，包括反坦克弹、人员杀伤弹、反器材弹、烟雾弹或催泪弹。而且法国 GIAT 集团为其研究了有俘弹器的枪榴弹，因此不需要专门换空包弹就可以直接用实弹发射。

主要诸元：

口径→5.56 毫米

全枪长→757 毫米

全枪质量（含弹匣和瞄准镜）→3.8 千克

初速→960 米 / 秒

有效射程→300 米

弹匣容量→25 发

尽管 FAMASF1 已经全面装备法国陆军，而且偶有出口，但由于价格太高，影响了其市场销售。

FAMAS 无托突击步枪采用闭锁待击，自动原理是延迟后坐式，这个原理和 HK G3 自动步枪类似，事实上，FAMAS 无托突击步枪最初的原型甚至是用 HK G3 自动步枪的刺刀，不过 FAMAS 无托突击步枪的延迟枪机和 HK G3 自动步枪的滚柱闭锁枪机完全不一样，FAMAS 无托突击步枪的枪机是直接取自法国 AAT-52 通用机枪的闭锁杠杆延迟枪机。枪机固定在机框内，枪机中间钻有孔，容纳击针、抛壳挺及其弹簧。机框尾端的底部有槽，使之能在机匣中滑动。机框带动枪机运动。机框前端面的上部钻有孔，内装复进簧套筒。该枪采用“无托”结构，故扳机位于击锤前方，并离击锤相当一段距离，两者用一根长连杆连接，扣压扳机即带动连杆向前运动。

枪械的研制历程 法国 FAMAS 无托突击步枪

1974 年，圣·艾蒂安兵工厂研发了 FAMAS 无托突击步枪。

1979 年，法军列装，代替 7.5 毫米 M49/56 步枪成为制式装备。

FAMAS无托突击步枪是继奥地利AUG突击步枪之后，又一种闻名世界的顶级无托小口径突击步枪。

枪弹击发后，膨胀的火药气体的压力迫使弹壳向后抵压在枪机的弹底窝平面上，膛内压力作用到机头端面，使机头、延迟杠杆、机框闭锁端面紧紧地挤在一起，延迟杠杆不能转动，机框不能向后运动。枪机开始向后运动。枪机后坐的作用力使得延迟杠杆向后旋转。此时，弹膛内的后效期压力就驱使弹壳和枪机一起迅速向后运动。于是，枪机、机框和活塞一起后坐，压缩复进簧。弹壳一旦脱离弹膛，便在抛壳挺的撞击下绕拉壳钩转动，随后自贴腮对面的抛壳口飞出。机框的尾端撞击缓冲器，将缓冲簧压缩。然后，机框和枪机在复进簧的作用下开始复进，重复上述工作循环。

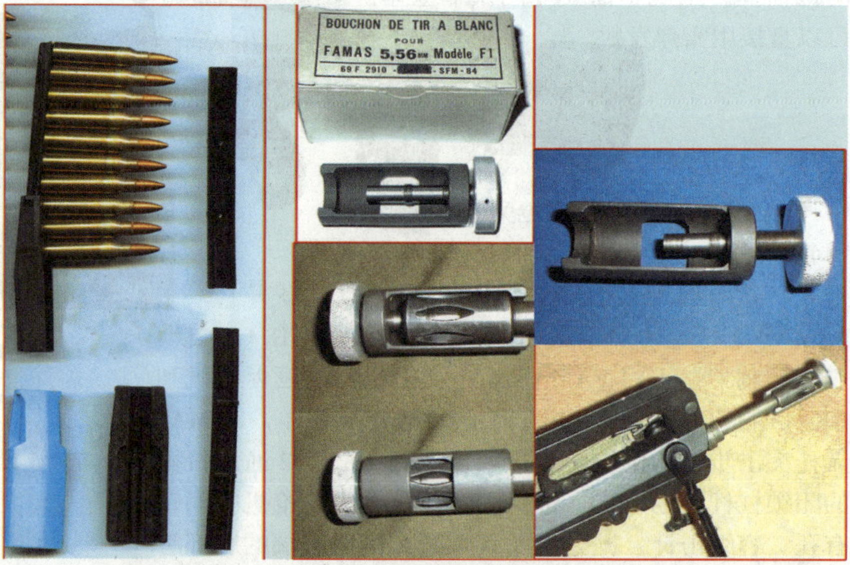

弹匣装弹器及其发射空包弹用的枪口助推器

FAMAS无托突击步枪的组成

FAMAS突击步枪由以下几个组件组成：1.枪管组件（包括机匣、击发机构和复进簧）；2.自动机（包括枪机、机框、延迟杠杆）；3.发射机组件；4.枪托和贴腮；5.提把；6.两脚架、刺刀和背带。

FAMAS G1和G2：1989年年底，法国GIAT集团要求FAMAS无托突击步枪在保持原枪质量的前提下降低成本。1990年5月，FAMAS G1无托突击步枪正式出台。G1推出不久，GIAT集团又推出了新的改进型FAMAS G2无托突击步枪——G2和G1最明显的区别就是FAMAS G2改用了M16自动步枪的标准弹匣。

再续“日不落”的辉煌>>>

英国 L85A1 无托突击步枪

L85 系列紧凑型，小握把安装在枪管下方延伸出来的护木导轨上。

主要诸元：

口径→5.56 毫米
全枪长→785 毫米
枪管长→518 毫米
全枪质量（含实弹匣和光学瞄准镜）→4.98 千克
初速→940 米 / 秒
弹匣容量→30 发

L85A1 无托突击步枪采用无托结构，无托枪的好处是尺寸小，携行方便，利于在狭小空间战斗，特别适宜于机械化步兵装备，具有灵活机动的优点。缺点是只能抵右肩射击。

L85A1 无托突击步枪大量采用冲压 – 焊接结合工艺，仅枪机、机框和枪管是由常规机加工而成的。护木、贴腮板和托底板采用塑料高冲击韧性尼龙制成。

机匣为冲压件，分为上下机匣；发射机构为一完整的组件，组装在一个冲压成型的框架内，并通过一个小的底板用两个销钉与机匣连接。

L85A1 无托突击步枪的自动方式为导气式，闭锁方式为枪机回转式。枪机组件由机框与枪机组成，枪机上有多个闭锁突笋，导柱与枪机连接，机框上有开闭锁螺旋槽；拉机柄位于枪的左侧，同机框相连，射击时随枪机框一起前后运动。机柄槽有防尘盖，当机框后坐时可以自动打开。

机匣上方的滑座，既可装带照门的提把，又可装光学瞄准具。氚光（SUSAT）瞄准镜 L9A1 是 L85A1 无托突击步枪的关键装置。

L85A1 无托突击步枪是一种性能较好的单兵武器。

装上微光瞄准镜的 L85A1 无托突击步枪

海外 SIG 也自强>>> 瑞士 SIG 556 突击步枪

主要诸元：

口径→*5.56 毫米*

全枪长→*枪托打开 /945 毫米*
枪托折叠 /867 毫米

枪管长→*406 毫米*

全枪质量（含空弹匣）→*3.8 千克*

瞄准基线长→*460 毫米*

弹匣容量→*10/20/30 发，此外还能使用 AR 系列的所有弹匣。*

SIG 556 突击步枪与以往的 SIG 系列突击步枪之间最大的不同在于机匣顶部的导轨系统，外观比瑞士 SIG 公司早期生产的 SIG 550 突击步枪更漂亮、更时髦。

SIG 556 突击步枪的导气块和导轨后端分别安装有折叠式准星和照门。对军警用枪支而言，以应付特殊情况为目的的机械瞄准具是必备装备。

SIG 556 突击步枪的导轨长达 216 毫米，突击步枪导轨顶部和枪托顶部之间有 25 毫米的高度差，安装光学瞄准镜时，需要追加垫片或选择最高的瞄准镜底座。

用塑料材料加工的 SIG 556 突击步枪的护木相当粗大，机匣也采用一体化设计。在现代作战需要的多功能化方面，SIG 556 突击步枪取得了比 SIG 550 突击步枪更广阔的发展。

SIG 556 突击步枪细节特写

SIG 系列突击步枪

SIG 556 突击步枪是名副其实的、以 SIG 550 系列突击步枪为基础开发的美国版 SIG 突击步枪。

SIG 556 突击步枪的设计符合大多数手枪射手的习惯，操作起来很容易。

SHOT Show 展上展出的 SIG 556 突击步枪

SIG 556 突击步枪上组合有气体调节器，可调整进入活塞筒内的气体量。该枪采用传统的导气式自动方式和回转式枪机闭锁机构，尤其是枪机框和枪机结构的设计非常接近 AK 系列。

SIG 556 突击步枪虽然是新开发的产品，但所采用的基本动作机构已经得到了证明。SIG 556 突击步枪由于枪托的缓冲管内是空的，因此可插入按照内径制作的圆筒形工具盒。橡胶制枪托底板采用以固定销为轴转动的形式，不能简单地从枪托上卸下，不用担心丢失。

SIG 突击步枪传统设计的优点之一在于扳机机构。采用两阶段机构，扳机的动作非常灵活。握把内有后备电池贮存室，并有防水的橡胶密封圈。手动保险具有双面操作功能，便于操作。

枪械的研制历程 瑞士 SIG 556 突击步枪

瑞士 SIG 系列突击步枪在枪械爱好者心中具有非凡的魅力。2006 年 2 月，在拉斯韦加斯举办的 SHOT Show2006 展上，瑞士 SIG 公司展出了崭新的 5.56 毫米口径 SIG 556 突击步枪。从外观上看，SIG 556 突击步枪采用 AR 系列的伸缩式枪托，流行的皮卡汀尼导轨，“土里土气”的军用表尺从机匣上消失，已经很难看出瑞士军队现用制式步枪 SIG 550 系列突击步枪的影子。

“反器材”我们不落后>>>

中国M99反器材狙击步枪

主要诸元：

口径→*12.7毫米*
全枪长→*1480毫米*
全枪质量（不含瞄准具）→*12千克*
有效射程→*1500米*
初速→*800米/秒*
弹匣容量→*5发*

中国M99反器材狙击步枪融合了世界上同类武器的先进机构。

M99反器材狙击步枪兼具众多结构优秀的狙击步枪的优点：

1. 结构紧凑可靠：该枪枪管采用了85式12.7毫米高射机枪枪管的特殊膛线，并进行了优化设计，具有良好的耐磨、耐烧蚀等特点。

2. 采用新材料和新工艺：在M99反器材狙击步枪的攻关过程中，设计者精心分析了每一个零件的受力情况，不断尝试更轻、更高强度的材料以及先进的制造工艺，使新材料制成的零件性能不减而重量锐减。

3. 射击精度高：与同类武器相比，高精度是M99反器材狙击步枪的最大亮点。

4. 威力大：12.7毫米枪弹的穿透力很强，能够直接击穿掩体后命中人员目标，使人员丧失战斗力。

中国M99反器材狙击步枪

M99与AS50的渊源

M99反器材狙击步枪是中国研发的反器材步枪，该枪刚一露面时，很容易让人联想到它与英国AI公司的AS50狙击步枪深有渊源，两者的外形似乎很接近，均为气吹式原理，尤其是导气管外都有隔热套保护，防止导气管加热上方空气而影响瞄准。

M99反器材狙击步枪的机匣看起来似乎比AS50狙击步枪的要厚实，这是因为要防止气体污染枪机而把导气管向后延长了，枪机框上部增加了一部分，包住导气管末端在整个枪机行程中不外露，这就是机匣后面显得高的原因。

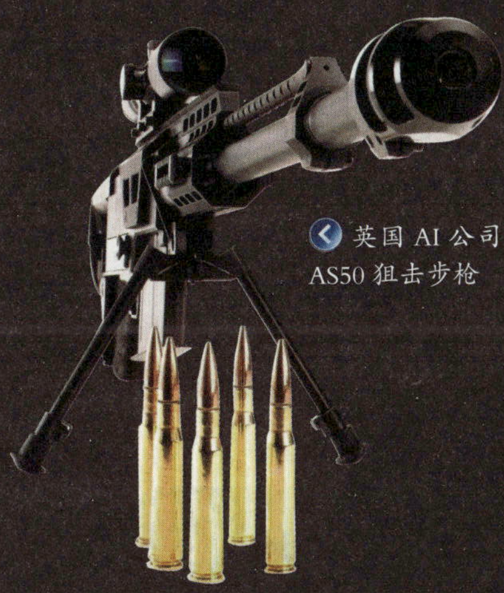

英国AI公司的AS50狙击步枪

5. 后坐力小：该枪在减小后坐力方面颇具匠心。精心研制的高效膛口制退器减少了射击时的大部分后坐力，其有效制退率高达80%。

6. 可靠性高：全枪从工作原理到方案结构采用的都是成熟可靠的技术，如导气式自动原理，半自动发射方式，机头回转式刚性闭锁机构，带双重保险的发射机等。

7. 经济性能好：看M99反器材狙击步枪的外形，就知道M99反器材狙击步枪与AS50狙击步枪颇有渊源，都以结构简单、通用、易加工见长，而且生产成本低。

综合评价后的M99反器材狙击步枪，一些性能甚至超过了国外著名的大口径狙击步枪。

如M82A1狙击步枪不能调节肩托、脚架、贴腮板等高度，发射时运动件多（枪管后坐式）精度不理想，发射后激起射击者周围大量的灰尘而易暴露位置和影响下一发射击瞄准。当然，M99式12.7毫米半自动狙击步枪也存在不足，如全枪尺寸稍长，不能折叠携带，重量还需减轻等。这些都将是设计者努力的方向，相信年轻的M99将会迅速成长。

M82A1狙击步枪

美利坚的愤怒>>>美国M1903A4狙击步枪

主要诸元：

口径→ *7.62毫米*

全枪长→*1105毫米*

全枪质量（带瞄准）→*4.2千克*

初速→*853米/秒*

弹匣容量→*5发*

M1903A4狙击步枪的性能与原型枪M1903A3步枪几乎相同。不同的只是为了提高射击精度，安装了专门生产的高精度枪管，在经改造的机匣上装有雷德菲尔德小型瞄准镜座，然后装上韦弗M73B1。为了在M1903A3的机械瞄具位置安装光学瞄准镜，拆掉了准星和表尺，但装表尺的燕尾槽照样用于安装瞄准镜座，枪口安装准星的键槽也原样保留。M73B1瞄准镜体积小、质量轻、可靠性较好，颇受战士喜爱。

最初生产的M1903A4狙击步枪首先用于太平洋诸岛的战斗。当用于南太平洋诸岛的丛林游击战时，暴露了意外的缺陷。在高温潮湿的密林中，M73B1瞄准镜防水性不足，水汽浸入镜内，造成无法瞄准的事故。为进一步改善M73B1瞄准镜的密封性，从而开发了防水性良好的瞄准镜。该瞄准镜于1945年年初被选作制式，命名为M84瞄准镜，以替换M73B1瞄准镜，但到第二次世界大战结束为止，只有部分M1903A4狙击步枪改装了M84瞄准镜。

由于M1903A4狙击步枪的射击精准与稳定度，一直被视为狙击步枪之首选。

枪械的研制历程 美国M1903A4狙击步枪

1942年，美国陆军总司令部指令兵工厂开发新型狙击步枪，并推荐配用韦弗330C等小型猎枪用瞄准镜。雷明顿武器公司与陆军签订了将M1903A3步枪改为狙击步枪的合同。

1942年12月，美军将采用猎枪形状枪托、机匣上装雷德菲尔德小型瞄准镜座和2.5倍韦弗330C瞄准镜的M1903A3步枪选作制式狙击步枪，并于1943年1月21日正式命名为“美国M1903A4 0.30英寸狙击步枪”（即M1903A4 7.62毫米狙击步枪）。同时，将韦弗330C瞄准镜命名为M73B1。

1943年年初，雷明顿武器公司接受订货，同年6月开始生产M1903A4狙击步枪。由于该枪是在M1903A3步枪基础上改进而成的，所以在机匣左侧打上“MODEL03—A3”标志。

1944年2月，停止生产。

斯通纳的“绝笔”>>>美国SR-50狙击步枪

SR-50狙击步枪弹匣插入口设在枪的左侧。图片中该枪的生产系列号为“95001”，是批量生产型的第一号枪。

机匣上方安装有北约标准的皮卡汀尼导轨座，导轨座上面能安装各种性能的瞄准镜。

SR-50是名副其实的大口径狙击步枪，是具有2000米距离的狙击能力的“远距离投手”，作为单兵用武器，它内藏着可怕的破坏能力。

SR-50狙击步枪的外观会使人们想起德国的20毫米反坦克步枪，这也许是因为SR-50狙击步枪采用了接近德国MG42机枪的枪托。尽管如此，SR-50狙击步枪仍然是现代高精度的狙击步枪。设置在枪左侧的弹匣，为了保证精度而采用只要扳动一个固定销杆就能更换枪管的结构等，从中能感觉到现代崭新的设计思路。SR-50狙击步枪弹匣的口部和外壳是通过切削加工而成型的。SR-50狙击步枪采用了效果出色的大型枪口制退器和大型枪机，能以比以往任何12.7毫米口径狙击步枪都要柔和得多的后坐力来进行射击。

主要诸元：

口径→*12.7毫米*

配用弹种→*12.7×99毫米勃朗宁大口径弹*

全枪长→*1483毫米*

枪管长→*902毫米*

全枪质量（带瞄准镜和瞄准镜座）→*14.28千克*

枪口部设有巨大的枪口制退器，它甚至会令人产生错觉：“这是一门炮，而不是步枪。”

枪械的研制历程 美国SR-50狙击步枪

美国奈特军械公司的产品中有一种7.82毫米口径的出色的SR-25狙击步枪，美国“海豹”突击队制式采用了它，并给予了“一击必杀武器”的美称。值得一提的是7.82毫米口径步枪的最大射程只有600米，在作战中只能发挥有限的效果。随着远距离狙击步枪必要性的激增，奈特军械公司在秘密情况下推进了12.7毫米大口径狙击步枪的开发，由此而诞生的就是SR-50狙击步枪。

反器材狙击步枪之王>>>

美国巴雷特 M82A1 大口径反器材狙击步枪

全世界最知名的大口径反器材狙击步枪——巴雷特 M82A1。

巴雷特 M82A1 大口径反器材狙击步枪是当今使用最广泛的大口径反器材狙击步枪之一。目前至少已装备 30 多个国家的军队或警察部队。

该枪采用枪管短后坐原理，半自动发射方式。枪管短后坐原理是著名枪械设计师勃朗宁开发的，而巴雷特将这种原理改进使之适合作为肩射武器来使用。其自带机械瞄准具，也可安装光学瞄准具。

巴雷特 M82A1 大口径反器材狙击步枪可以迅速地分解成上机匣、下机匣及枪机框三部分。该枪的后坐力很小，枪托底部还有一个特种橡胶后坐垫，据说后坐感觉比 12 号口径的霰弹枪要好，而后坐力明显比 7.62 毫米口径的步枪要小。不过这个高效制退器有个缺点，就是每发射一发枪弹时从制退器喷出的火药气体都会在射手附近卷起大量尘土和松散颗粒。

主要诸元：

全枪长 *1448 毫米*
枪管长 *737 毫米*
全枪质量 *12.9 千克*
最大射程 *1830 米*
弹匣容量 *10 发*

巴雷特 M82A1 大口径反器材狙击步枪在国际军火界拥有“重狙击之王”的赞誉。

朗尼·巴雷特

朗尼·巴雷特 (Ronnie Barrett) 原本只是美国田纳西州的一名商业摄影师，从未受过任何火器设计训练。1981 年 1 月，一次偶然的机会，促使巴雷特决心设计一支大口径半自动狙击步枪。于是，从设计到制造，不足一年时间他就拿出了一支样枪。接着巴雷特创建了自己的公司，并在 1982 年开始试生产，M82A1 大口径反器材狙击步枪就正式“诞生”了。

红色利器>>>苏联莫辛－纳甘狙击步枪

配备 4 倍 PE 瞄准镜（上）和 3.5 倍 PU 瞄准镜（下，最初为 SVT40 步枪研制）的莫辛－纳甘狙击步枪

主要诸元：

口径→*7.62 毫米*

全枪质量（配用 PE 型瞄准镜）→*4.6 千克*

供弹方式→*弹匣*

弹匣容量→*5 发*

莫辛－纳甘狙击步枪由俄国陆军上校莫辛和比利时枪械设计师纳甘共同研制。1891 年，M1891 莫辛－纳甘狙击步枪和 M1891 狙击步枪弹一起列装于俄国军队。

莫辛－纳甘 M1891/30 狙击步枪最初采用的是 4 倍率 PT 型瞄准具，但鉴于它的种种缺陷，1931 年苏联推出了它的改良型 VP 型瞄准具。但苏方在屈光学技术上的欠缺，新型号仍不是一种理想的瞄准具。

1936—1937 年，VP 型被 PE 型瞄准具取代。PE 对提高命中率起了很大的作用，使用它可对 1400 米距离上的目标进行射击。一旦瞄准具在行动中受损，可依靠瞄准导轨进行射击。

莫辛－纳甘 M1891/30 狙击步枪的设计缺陷在于：重量大。瞄准镜的倍数小，再加上因为瞄准具重叠地安装在机匣盖的后方，挡住了弹夹插口，狙击步枪不能装入普通的 5 发弹夹，只能一次装一发子弹，这样就大大地降低了战斗效率。

第二次世界大战中使用莫辛－纳干狙击步枪的苏军狙击手。

参战经历

苏联莫辛－纳甘狙击步枪历经第一次世界大战、十月革命、苏联内战、第二次世界大战，是俄罗斯 / 苏联军队的标准步兵装备。第二次世界大战末期，苏军进攻驻扎在中国东北的日本关东军时，日军有不少机枪手和步兵死在苏军狙击手的莫辛－纳甘 M1891/30 狙击步枪下。越战时，有不少侵越美军也被手持莫辛－纳甘狙击步枪的越军狙击手击毙。莫辛纳甘 M1891/30 狙击枪一直沿用到 20 世纪 60 年代，也出现在韩战和越战的战场上。1963 年开始改用半自动的 SVD。

AK 家族的神射手>>>苏联 SVD 狙击步枪

主要诸元：

全枪长→1220 毫米
全枪宽（含 PSO－1 瞄准镜）→88 毫米
全枪高（含 PSO－1 瞄准镜）→230 毫米
枪管长→620 毫米
初速→830 米／秒
最大杀伤射程→3800 米

SVD 狙击步枪 PK AK-47 突击步枪

SVD 狙击步枪的许多外形特征都与 AK-47 突击步枪相同，事实上有许多区别。

首先，由于 SVD 狙击步枪发射的 7.62 毫米莫辛－纳甘枪弹是突缘弹，而且威力比 AK-47 突击步枪配用的 7.62×39 毫米 M43 弹威力大得多，因此枪机机头要重新设计，并强化以承受发射时的高压。

SVD 狙击步枪只能单发射击，所以击发和发射机构比 AK-47 突击步枪简单得多。

为了提高射击精度，SVD 狙击步枪的枪管为自由浮置式，这是与 AK-47 突击步枪一个很明显的区别。

SVD 狙击步枪的导气活塞也与 AK-47 突击步枪的不同，AK-47 突击步枪的活塞与枪机框成一整体，而 SVD 狙击步枪采用短行程活塞的设计，导气活塞单独位于活塞筒中，在火药燃气压力下向后运动，撞击机框使其后坐，这样可以降低活塞和活塞连杆运动时引起的重心偏移，从而提高射击精度。在导气管前端的气室有一个气体调节器，用来调整火药燃气的压力。

狙击手喜爱的武器

SVD 狙击步枪所配用的是专门开发的狙击弹，精度更高，威力更大。

枪械的研制历程 苏联 SVD 狙击步枪

1958 年，SVD 狙击步枪根据苏联国际部的主要导弹和火炮部门提出的 SSV（“自动装填狙击手步枪”的缩写）竞标要求而设计的。

1967 年，开始生产和装备苏联军队，并与其他苏联武器一样被广泛输出到华约国家或其他国家，包括越南。

世界侧目东方>>>中国 QJY88 式通用机枪

中国的 QJY88 式通用机枪是建国 50 周年献礼之主力机枪。

主要诸元：

口径→5.8 毫米

全枪长→轻机枪 /1151 毫米
重机枪 /1321 毫米

枪管长→600 毫米

空枪质量→轻机枪 /7.6 千克
重机枪 /11.8 千克

初速→895 米 / 秒

弹匣容量→200 发

QJY88 式通用机枪的主要特点为：重量轻，机动性好；火力猛，威力大，射击使用方式转换快捷；射击精度高，后坐力小，可控性好，总体性能达到国外同类武器的先进水平。

5.8 毫米口径的 QJY88 式通用机枪正好是对原来中口径通用机枪重量过大和小口径轻机枪射程不足之间的完美均衡。

5.8 毫米口径通用弹药恰恰是中国军队的一大优势。在通用机枪里，QJY88 式通用机枪的重量最轻，而且性能上差别也不大，因此更适合单兵操纵。即使按中国士兵的体格标准，也能够达到双人携带、单人操作的班用机枪标准，能以猛烈持续的火力伴随步兵班战斗。

QJY88 式通用机枪的问题是作轻机枪使用时尺寸仍显稍大，应该再发展一种短尺寸的适合伞兵或其他特种兵用的型号，以弹链供弹，仍能速换枪管，在简化结构的前提下保证火力持续性，为近距离突击提供有效的火力支援。

中国 QJY88 式通用机枪能以猛烈持续的火力伴随步兵班战斗。

枪械的研制历程 中国 QJY88 式通用机枪

1988 年，中国 QJY88 式通用机枪立项。

1989 年 7 月，开始研制。

1999 年 7 月，批准设计定型。

1999 年，“建国 50 周年成就展”上首次公开亮相，是使用 5.8 毫米弹种的新枪械系列中的通用机枪。

时代见证者>>>美国 M1919A6 机枪

M919A4 机枪后部

美国 M1919A6 机枪

M1919A6 机枪采用勃朗宁设计的枪管短后坐式工作原理，卡铁起落式闭锁。与 M1919A4 机枪相比主要是增加肩托、消焰器、提把和两脚架。增加了“鱼尾”形的枪托，上端近乎水平而且很长，这是识别该枪最主要的外形特征。早期的 M1919A6 机枪与 M1919A4 机枪一样，枪口部分只有助退器，后来改为喇叭状的消焰器。准星和表尺位于机匣两端，准星座可以折叠，瞄准基线较短。可折叠的提把位于枪管和机匣的结合处。在散热筒前增加了两脚架，不再有三脚架。但是它仍然重达 32.5 磅。

M1919A6 机枪不仅能以两脚架状态射击，必要时也能像 M1919A4 机枪一样以一个“L”形连接销通过机匣下方的连接孔安装在 M2 三脚架上，当作重机枪使用。

主要诸元：

口径→*7.62 毫米*

配用弹种→*7.62 毫米 M1 枪弹和 M2 枪弹*

全枪长→*1346 毫米*

枪管长→*610 毫米*

初速→*792~823 米 / 秒*

枪械名称的由来

美军采用重量轻和便于移动的 M1919A4 气冷式机枪来代替笨重而不易搬运的水冷式勃朗宁 M1917A1 机枪是一项跨时代的举措，美军士兵对这一便于携带和操作简单的气冷式 M1919A4 机枪给予了高度评价。

1942 年 10 月，通用汽车公司制造的 5 挺 M1919A4 轻量化改进型机枪送往武器委员会，在马里兰州阿伯丁靶场接受了试验。试验后，军方对轻量化改进型机枪提出了要对枪管套、两脚架、枪托、枪管套固定簧、提把等零部件进行改进的要求。之后对改进的枪再次进行试验，得到了使美国陆军步兵武器委员会非常满意的结果，最后决定作为制式武器采用。

虽说新型机枪具有能与原 M1919A4 气冷式机枪共用很多零部件的优点，但是这一新型机枪的出现很有可能对生产现场或陆军的武器供应部门带来生产或零部件供应上的混乱，因此美国陆军兵工委员会于 1943 年 2 月 17 日，给这一新型机枪起了“M1919A6 机枪”的制式名称。

二战中的“挖土豆机”>>>

美国M1917 / M1917A1 机枪

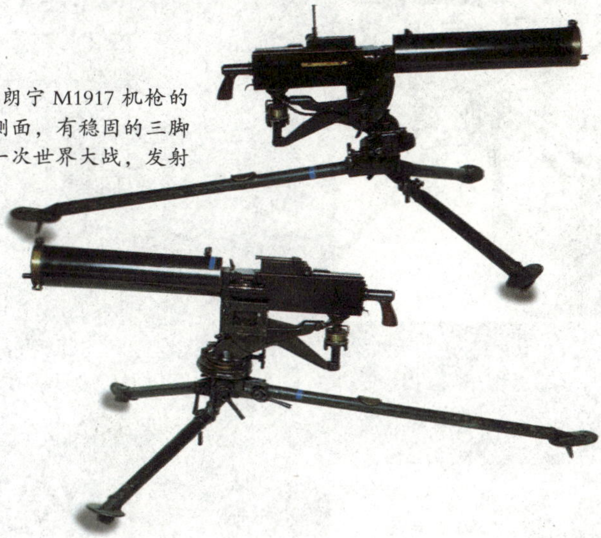

上图为美国勃朗宁 M1917 机枪的右侧面，下图为左侧面，有稳固的三脚架固定。应用于第一次世界大战，发射 0.30 英寸尖弹。

主要诸元：

M1917 机枪

枪管长→607 毫米

初速→854 米 / 秒

最大射程→3154 米

瞄准基线长→680 毫米

M1917A1 机枪

枪管长→610 毫米

枪身质量→15.2 千克

枪架质量→24.1 千克

最大射程→5029 米

M1917/M1917A1 机枪枪管采用水冷却方式，采用枪管短后坐式工作原理，卡铁起落式闭锁机构。机匣呈长方体结构，内装自动机构组件。整个机构比较复杂。勃朗宁机枪持续火力强，动作可靠，但比较笨重。

该枪采用弹带供弹，利用枪机后坐能量带动拨弹机构运动。该枪枪管可在节套中拧进或拧出，以调整弹底间隙。该枪还配有三脚架。瞄准装置该枪准星为片状，可做横向调整；表尺为立框式，可修正风偏。

画作中的 M1917A1 机枪

M1917 机枪可以作为高射机枪来使用

劳苦功高的勃朗宁

著名枪械设计师约翰·摩西·勃朗宁

中国博物馆中的M1917机枪（中）和M1917A1机枪（左）

美军在第二次世界大战中使用最广泛的机枪是美国著名的枪械设计师约翰·摩西·勃朗宁开发的M1917机枪和它的发展型。现在看起来这一非常笨重且陈旧的老式机枪在当时可以说是一种威力的象征，在第二次世界大战中为打败法西斯军队立下了汗马功劳。

19世纪末，美国著名的枪械设计师约翰·摩西·勃朗宁也与其他枪械设计师一样，以极大的热情投入到自动步枪和机枪的开发中去。1879年的某一天，到射击场观看射击比赛的勃朗宁看到，进行卧姿射击的射手在每发射一发枪弹时，枪口前方的杂草就会被发射气体猛烈地向前方刮倒的情景，猛然间产生了开发连发武器的灵感。

1910年，勃朗宁在美国犹他州制造了他设计的水冷式重机枪样枪，这支枪是在1900年设计的机枪的基础上做了一些改进。勃朗宁继续保留了1900年试制型机枪的基本机构，将内藏式击锤改成击针，在机匣后端安装了缓冲器。还有，当将两挺以上的机枪在阵地上并列排列使用时，设置在枪右侧的抛壳窗对右侧的射手会造成危险，于是将抛壳窗挪到了机匣的下面。

1917年5月，斯普林菲尔德兵工厂对柯尔特公司生产的马克沁·维克斯机枪和勃朗宁水冷式机枪进行了对比试验，试验结果是勃朗宁水冷式重机枪占据了上风。美国陆军并没有满足于这一结果，再次提出了进一步改进勃朗宁水冷式重机枪的要求，并希望展开连续射击试验。

1918年11月11日，第一次世界大战宣告结束。在大战结束前的约1年半的时间里，美国政府与威斯汀豪斯公司、雷明顿公司、柯尔特公司签订合同，开始生产M1917机枪。

第一次世界大战中向法国前线投入的M1917机枪在实战中陆续表现出一些缺点，为此，战后对M1917机枪继续进行了改进。按照岩岛兵工厂的方案改进的M1917机枪追加选定为美军制式武器，命名为“M1917A1机枪”。M1917A1机枪除了装备美军以外，还部分供应给欧洲的英国和法国。

珍珠港事件发生后，美国对日本宣战，第二次世界大战全面爆发，美军对机枪的需求激增。为了满足对机枪的需求，美军于1942年与上述公司签订生产合同，开始批量生产M1917A1机枪。

法兰西第一次世界大战的元老>>>

法国哈奇开斯 M1909 轻机枪

第二次世界大战时期，在法国军队的武器中有一种叫“贝尼·梅尔希 M1909”的轻机枪，该机枪并不是当时法军的新制式武器，而是第一次世界大战中残留下来的轻机枪，一般称“哈奇开斯 M1909 轻机枪”。

该枪一个致命的缺点是枪弹外露，在到处都是沙尘和泥土的战壕内，笨拙的弹板式供弹方式很容易引起供弹不良现象。这使采用哈奇开斯 M1909 轻机枪的各国军队在第一次世界大战中的前线战场上吃了不少苦头。

第一次世界大战结束后，很多国家都把哈奇开斯 M1909 轻机枪从第一线部队中撤装，用新型机枪来代替该枪，法国也不例外。

主要诸元：

口径→8 毫米
全枪质量→9.5 千克
理论射速→300~350 发／分
自动方式→导气式
闭锁方式→回转式闭锁
供弹方式→弹板
弹匣容量→15 发
膛线→4 条，右旋

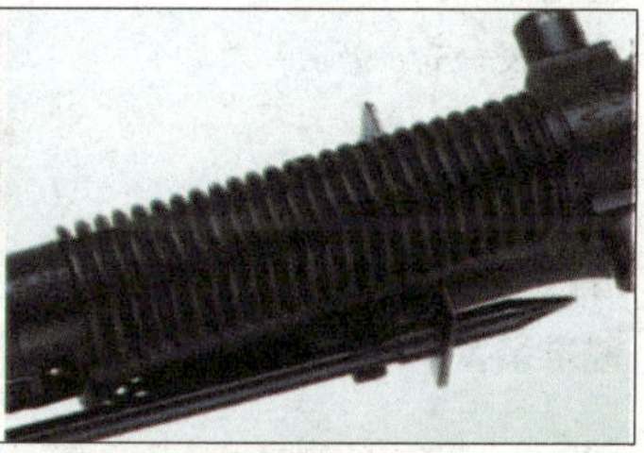

（上左）哈奇开斯 M1909 轻机枪安装在机匣后方的拉机柄，操作方式与步枪基本相同。

（上中）哈奇开斯 M1909 轻机枪采用的是由弹板夹供弹的方式，但是需要弹药手熟练操作，弹板也容易被沙泥污损，所以是一个大缺点。

（上右）为了承受连续射击热量，枪管后部有散热片设计，但实际散热效果不好，并且制作工艺复杂。

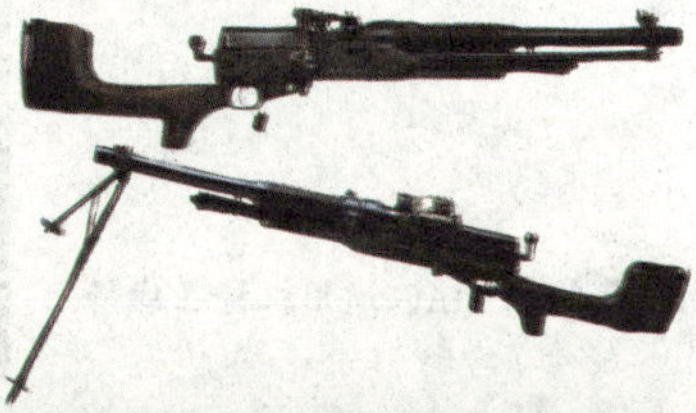

枪械名称的由来

20 世纪初，法国的国营兵工厂以哈奇开斯机枪（M1900、M1907）为基础，推进了更加先进的机枪开发计划。劳伦斯·V·本涅特（法语发音为贝尼特）和亨利·A·梅尔希两人同时参与了这一机枪现代化改进计划。

1909 年，劳伦斯·V·本涅特和亨利·A·梅尔希设计的机枪宣告完成，他们采用了与哈奇开斯 M1900 和 M1907 机枪完全不同的设计思路。新机枪小而轻，取消了原来笨重的三脚架，采用简单而轻巧的三脚架；如果有必要，也能安装更加结实的固定架和三脚架，后来又换上了两脚架。

这一新机枪就是后来被称为“轻机枪”的世界最初的轻型机枪。哈奇开斯公司根据这两位设计人的名字，给予这一轻型机枪“贝尼·梅尔希 M1909”的名称。由于该机枪是 1909 年在哈奇开斯公司内完成开发的轻机枪，因此通常叫“哈奇开斯 M1909 轻机枪”。

立足于世界的王者>>>

比利时 FN MAG 通用机枪

世界上现役使用最为广泛的机枪——比利时 FNMAG 通用机枪。

FN MAG 通用机枪可作轻、重机枪使用，战术用途广，结构坚固，动作可靠。

该枪采用导气式工作原理、闭锁杆起落式闭锁机构。自动机系仿美国勃朗宁 M1918 7.62 毫米自动步枪，闭锁杆起落式闭锁机构的闭锁部位有所改动。弹链供弹机构照搬德国 MG42 式机枪双程供弹装置。平时配两脚架，需要时可以装在三脚架式高射架上射击。

该枪机匣为长方形冲铆件，机匣与枪管节套用断隔螺连接，枪管可以迅速更换。采用排气式气体调节器，射速可在 600 ~ 1000 发 / 分的范围内调节。

由于该枪把各种武器结构特点有机地结合在一起，取得了设计上的成功。

主要诸元：

口径→7.62 毫米

全枪长→1225 毫米

枪管长→545 毫米

初速→840 米 / 秒

供弹方式→弹链

膛线→4 条，右旋

瞄准装置→片状准星

FN MAG 通用机枪在战场上经受了考验。

枪械概况 比利时 FN MAG 通用机枪

比利时 FN MAG 通用机枪由比利时国营赫斯塔尔公司研制，主设计师是欧内斯特·费尔菲，20 世纪 50 年代初定型投产，型号定为 MAG，意为导气式机枪。

FN MAG 通用机枪现装备于英国、美国、加拿大、比利时、瑞典等至少 75 个国家，是目前西方国家装备的主要机枪之一，总数达 15 万挺以上。

侵华日军的“歪把子”>>>

日本大正十一式轻机枪

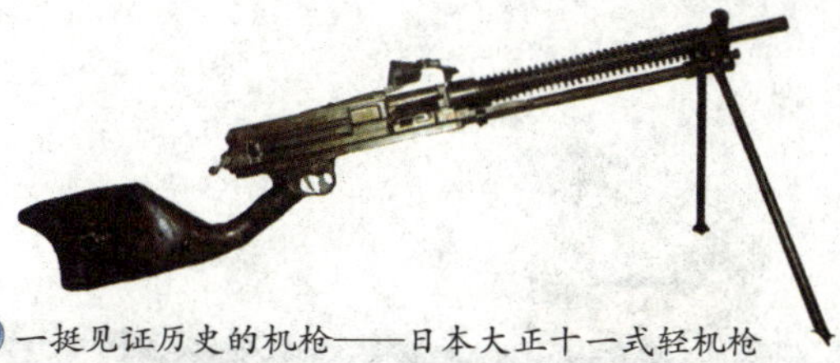

一挺见证历史的机枪——日本大正十一式轻机枪

大正十一式轻机枪采用导气式自动方式，闭锁机构为楔栓横动闭锁，楔栓位于枪机后部，由枪机框上的开闭锁斜面带动楔栓作上下起落运动。枪管上有螺纹状散热片，使用6.5×58毫米步枪弹以及标准5发弹匣，使用方便，射程较远，精度较高，但枪弹威力不大。它最为独特的是弹斗供弹原理，弹斗上方的盖子向下施加压力使最底层弹匣打完后叠在上面，弹匣会进入输弹位置。弹斗底部的推弹装置，将弹匣中的枪弹推向“给弹口”，并随之通过“给弹口”推弹入膛。仿效法国“哈奇开斯”用润滑油润滑子弹，弹壳需要润滑才可以靠枪机后坐提供的动能退壳。机枪上配有油壶，子弹需要经过油刷给弹壳涂润滑油，否则容易造成退壳不畅。

大正十一式轻机枪在使用中暴露出的问题是不能适应作战需要，被96式轻机枪替代。抗日战争期间，侵华日军装备的大正十一式轻机枪也曾被我敌后游击队缴获并大量使用。

主要诸元：

口径→*6.5毫米*

配用弹种→*6.5×58毫米步枪弹*

全枪长→*1100毫米*

枪管长→*485毫米*

全枪质量→*10.2千克*

弹匣容量→*弹匣/5发*

弹斗/30发

初速→*736米/秒*

有效射程→*600米*

国人口中的“歪把子”机枪

枪械概况 日本大正十一式轻机枪

大正十一式轻机枪是日本在第二次世界大战中使用的一种6.5毫米口径轻机枪，因于日本大正天皇十一年（1922年）定型成为制式装备而得名。因其枪托为便于贴腮瞄准而向右弯曲，故在中国俗称“歪把子”机枪。

“反恐时代”的尖兵>>>

美国艾奇逊 AA-12 突击霰弹枪

艾奇逊 AA-12 突击霰弹枪拥有连发功能。

火力威猛的艾奇逊 AA-12 突击霰弹枪，后坐力奇小。

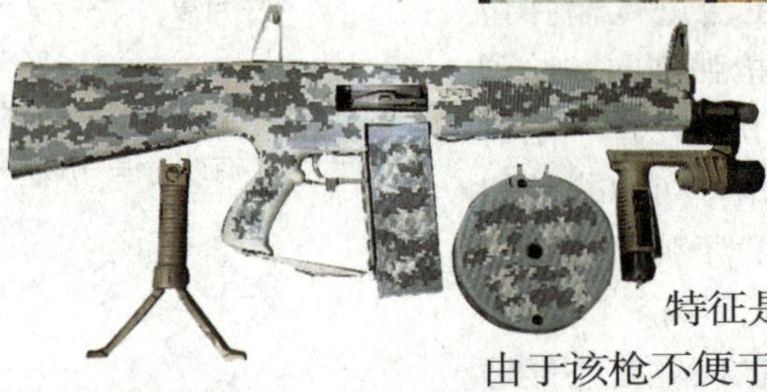

艾奇逊 AA-12 突击霰弹枪中的 AA 是英文 Atchisson Assault 的缩写，意思是艾奇逊突击霰弹枪。

艾奇逊 AA-12 突击霰弹枪的最大特征是可展开约 300 发 / 分的连发射速。然而由于该枪不便于携带的笨重枪体和超过需要范围的强劲的火力，其实用性遭到质疑。艾奇逊对其进行改进。而这一时期的美军虽然作为 CAWS（近战突击武器）计划的一环，继续摸索采用包括特殊弹种的新型霰弹枪的研制，但由于受到 20 世纪 90 年代美军先进战斗步枪（ACR）计划思想的影响，CAWS 计划遭到排斥，被迫停止。当时霰弹枪的发展已出现与新品种枪弹的搭配为主向多方面发展的预兆。

“总有一天会迎来艾奇逊 AA-12 突击霰弹枪在军、警手中重见天日的时刻。”抱着这种美好的愿望，艾奇逊继续推进改进。采用摆动卡铁闭锁、长行程活塞导气式机构，通过枪托、机匣、护木等部位的一体化设计减少零部件数量……整体设计逐渐接近现在的艾奇逊 AA-12 突击霰弹枪。

主要诸元：

口径→*12 号*
全枪长→*965 毫米*
枪管长→*457 毫米*
全枪质量→*4.8 千克*
弹匣容量→*弹匣 /8 发*
弹鼓 /12 发

美国艾奇逊 AA-12 突击霰弹枪

FRAG-12 榴弹

由于面临资金短缺等众多问题，艾奇逊无奈把专利和图纸转让给田纳西州的 MPS 军警武器系统公司创建人杰里·巴伯。

杰里·巴伯与合作伙伴德国技术员博杰·科尼尔一起，继续推进艾奇逊 AA-12 突击霰弹枪的开发，不久后按照艾奇逊的设计图，试制出几支样枪。然而样枪在试验中故障频发，根本无法正常动作。于是，除原型复进簧系统外，杰里·巴伯几乎对该枪其他所有部位都进行了改进。

MPS 公司主要是生产精密铸造部件的企业，杰里·巴伯利用经营公司以外的时间寻找各种问题和解决方案。改进速度相当缓慢，直到 21 世纪，终于完成了生产型。虽然缩写名称都是艾奇逊 AA-12 突击霰弹枪，但已经产生了微妙的变化。

FRAG-12 榴弹等特殊弹拓宽了艾奇逊 AA-12 突击霰弹枪的使用范围。但是由于霰弹的口径和尺寸不能有变化，因此炸裂弹的威力也有一定的上限。

枪械的研制历程 美国艾奇逊 AA-12 突击霰弹枪

1972 年，枪械设计师麦斯威尔·艾奇逊设计出可展开连射的崭新的突击霰弹枪——艾奇逊 AA-12 突击霰弹枪。

进入 20 世纪 80 年代后，艾奇逊继续坚持对艾奇逊 AA-12 突击霰弹枪进行改进。但对艾奇逊 AA-12 突击霰弹枪而言，依然“与时代不投缘”。

1987 年，艾奇逊面临资金短缺等众多问题，不得不将长期研究的专利和图纸转让给田纳西州的 MPS 军警武器系统公司创建人杰里·巴伯。

直到 2004 年秋季，终于完成了 10 支可进行发射试验的生产型，名称也由 Atchisson Assault-12 改变为 Auto Assault-12。

堑壕清扫器>>>

美国温彻斯特 M1897 / M1917 霰弹枪

一代名器——温彻斯特M1879/M1917霰弹枪，纵横两次世界大战战场。

温彻斯特 M1897 霰弹枪作为第一支成功生产的泵动霰弹枪，直到 1957 年才停产。不同的枪管长度和附件，使温彻斯特 M1897 霰弹枪各有不同的名字。

温彻斯特公司在 M1897 霰弹枪上进行改制，首先把枪管缩短到 508 毫米，然后在枪管上套一个开有许多小孔的金属套管，套管前端有安装刺刀的“W”形刺刀座，以便霰弹枪也能够用刺刀突击和进行白刃战，套管靠近枪口位置的顶端还有一个圆粒状的小准星，但考虑到只用于近战，所以不设照门。

主要诸元：

口径→*12 号*

枪管长→*508 毫米*

供弹方式→*管状弹匣*

弹匣容量→*6+1 发*

由于考虑到该枪改制后的长度较短，在白刃战容易吃亏，所以该型霰弹枪选用较长的 M1917 步枪的长刺刀。1917 年，美国陆军把这种经过改制的温彻斯特 M1897 霰弹枪正式定型为温彻斯特 M1917 霰弹枪，由温彻斯特公司提交生产图纸并正式生产。

从上到下分别为：温彻斯特 M1893、温彻斯特 M1897、温彻斯特 M1917 霰弹枪。

由于温彻斯特 M1917 霰弹枪采用短枪管并能安装刺刀，泵动快速上弹和 6 发容弹量的火力，加上 12 号霰弹在近距离内的命中率和杀伤效果，使得该枪在近距离战斗中极为有效，因此在美国被称为“堑壕清扫器”。

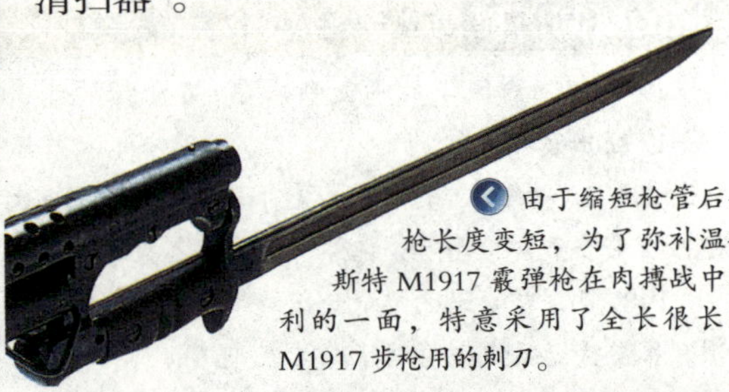

由于缩短枪管后全枪长度变短，为了弥补温彻斯特 M1917 霰弹枪在肉搏战中不利的一面，特意采用了全长很长的 M1917 步枪用的刺刀。

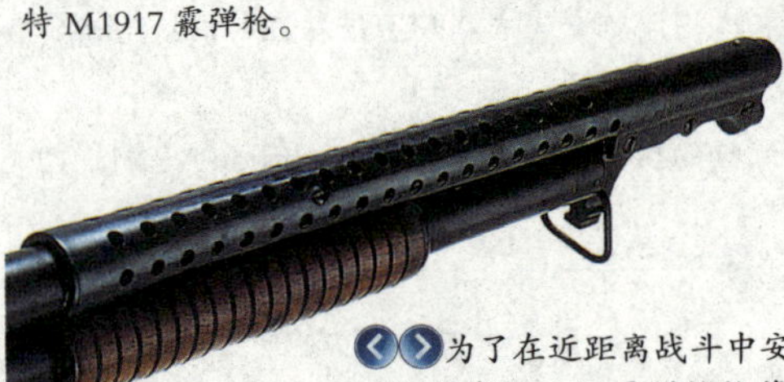

为了在近距离战斗中安装刺刀展开肉搏战，温彻斯特 M1917 霰弹枪枪管前端追加了刺刀座。该刺刀座后来被命名为“W”形刺刀座。

虎胆战车

Part 2

战争使各种威力更加强大的武器应“运”而生，坦克、装甲车、自行火炮便是其中的佼佼者。

坦克是指具有强大直射火力、高度越野机动性和坚强装甲防护的履带式装甲战斗车辆。

装甲车是指具有装甲防护和机动能力的战斗车辆和保障车辆的统称，是现代化陆军的重要装备。

自行火炮是指与车辆底盘结合为一体，能自行运动的火炮。

它们厚重而庞大身形、撼天动地的巨大威力令它们在无数军事爱好者的心中魅力无穷。

第二次世界大战的最佳轻型坦克>>>

美国M24"霞飞"轻型坦克

主要诸元：

车长→ *（炮向前）5.49米*

车宽→*2.95米*

车高→ *（至指挥塔顶）2.46米*

主要武器→*M6型75毫米火炮*

辅助武器→*M2型12.7毫米高射机枪、1919型7.62毫米并列机枪*

M24"霞飞"轻型坦克的主要特点：一、装甲薄弱；二、机动性较好，但并不突出；三、有一定的反装甲作战能力；四、能空投作战。

为了适应现代战争，有很多装备M24"霞飞"轻型坦克的国家对其做了重大的改进。改进项目主要有：换装法国的D–925型90毫米低膛压火炮，安装激光测距仪，取消车体前机枪及前机枪手，用12.7毫米高射机枪代替原来的7.62毫米并列机枪；换装"底特律"6V53T型涡轮增压柴油机，发动机功率191千瓦；换装"阿里逊"MT650型液力机械传动装置。通过改进，其火力和机动性都有明显提高。

M24"霞飞"轻型坦克为传统的炮塔式坦克，它的火力和装甲防护是第二次世界大战中轻型坦克中最强大的，机动性也可以和第二次世界大战中的同类坦克媲美。

真实的"霞飞"坦克与宣传画中的哪个更威武？

M24“霞飞”轻型坦克引擎

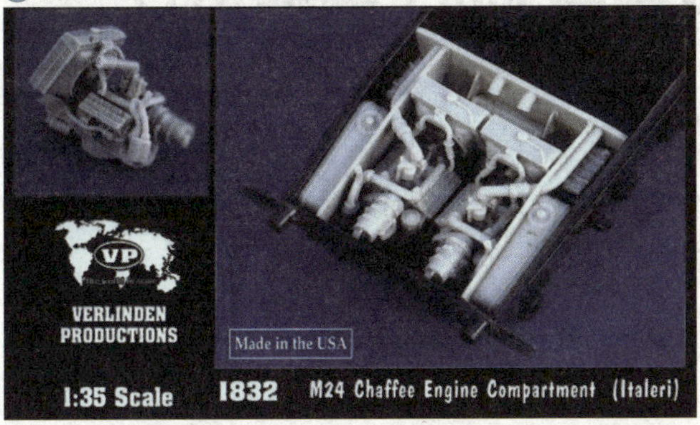

霞飞将军和以他名字命名的“霞飞”轻型坦克。

坦克的研制历程 美国M24“霞飞”轻型坦克

1943年3月，美国通用汽车公司凯迪拉克分公司开始研制M24轻型坦克。

1943年10月，研制出样车——T24坦克。

1944年4月，T24坦克样车定型，称为M24轻型坦克，并以美国陆军阿德纳·R·霞飞将军的名字命名，通称为“霞飞”（Chaffee）坦克。

M24“霞飞”轻型坦克静态展示

冷战铁战士>>>美国 M41 轻型坦克

主要诸元：

车长→（炮向前）8.2 米
（车体长）5.82 米

车宽→3.2 米

车高→（至指挥塔顶）2.73 米
（至机枪）3.10 米

主要武器→M32 式 76 毫米火炮

辅助武器→M1919A4E1 式 7.62 毫米并列机枪以及 M2HB 式高射机枪

除美国以外，装备 M41 轻型坦克的国家和地区还有阿根廷、巴西、智利、丹麦、埃塞俄比亚、希腊、日本、菲律宾、葡萄牙、西班牙、泰国、突尼斯、土耳其、苏丹、乌拉圭、越南和中国台湾地区。

M41 轻型坦克共有 M41、M41A1、M41A2 和 M41A3 四种车型。M41 系常规炮塔式坦克，车体由前至后为驾驶部分、战斗部分和动力传动部分。驾驶员位于车体内前部左侧，配有一扇向右开启的整体结构驾驶员门。

驾驶员门前部有 3 具 M17 型潜望镜，而左侧只有 1 具。驾驶椅下方有车底安全门。其他 3 名乘员位于炮塔下方、车体内中央的战斗室内，炮长和车长一前一后位于主炮右侧，装填手位于左侧。

指挥塔上有一扇向前开启的整体结构车长门、5 具观察镜和 1 具可旋转 360 度的 M20A1 型指挥潜望镜。炮长有 1 具 M97A1 型主炮瞄准镜和 1 具 M20A1 型潜望镜。装填手有一扇向前开启的整体结构装填手门，并配有 1 具 M13 型潜望镜。

M41 轻型坦克炮塔制造结合了焊接与铸造技术，其防护性能十分突出。

坦克的研制历程 美国 M41 轻型坦克

1950 年，M41 轻型坦克开始研制。

1951 年，该型坦克改称“瓦克·斗犬”，以纪念在朝鲜阵亡的瓦克将军。

20 世纪 50 年代，M41 轻型坦克被列入美国陆军装备。

1969 年，逐渐为“谢里登”M551 轻型坦克所取代。

M41轻型坦克的局部特写

炮塔驱动机构，M41为电动式，M41A1及以后的车型改用液力式，炮塔最大回转速度为360度/10秒。炮塔方向回转由炮长控制，M41A1及以后的车型上，车长也能超越炮长控制炮塔回转。火炮高低机是机械式。配有M97A1型望远式瞄准镜，其放大倍率为8倍，视场角7度24分。

M41轻型坦克通常被安设在城市和基地附近保卫政府和军队的官员，以应付可能发生的叛乱。很多装甲部队军官的提拔是以他们的政治立场为基本要素而非实际作战能力，这极大地影响了他们有效指挥和使用坦克部队。

20世纪60年代初，驻扎在泰国的美军组织了大量的演习、实兵对抗演练和模拟部署训练，不过这些只是美军在东南亚的部分军事行动。

和平时期，除了美军常常在海外的军事行动中大量使用装甲部队外，普通美国人唯一亲眼见到使用M41轻型坦克的行动是在20世纪60年代发生的波及美国很多重要城市的大规模骚乱中。在当时那种严重骚乱的状况下，M41轻型坦克被用作控制人群或是作为掩护部队向狙击手控制区域机动的工具。但是在这些对抗中，还没有明确的记录证明M41轻型坦克曾动用过主炮。后M41轻型坦克都被取代，被替换下来的M41轻型坦克不是报废就是被当作射击目标靶，或者是提供给与美国有军事合作关系的国家。据统计，从20世纪50年代末起，M41轻型坦克总产量的一半都提供给了众多的美国盟友，超过24个国家通过直接或间接的军事援助计划获得了M41轻型坦克。

M41轻型坦克连普通美国人都难得一见。

美国主流坦克>>>M48系列主战坦克

主要诸元：

车长→（炮向前）*9.31米*
（车体长）6.42米

车宽→*3.63米*

车高→*3.09米*

主要武器→*M68式105毫米线膛坦克炮、M41式90毫米线膛坦克炮*

首辆M48中型坦克驶离生产线，在交接仪式上以美国陆军已故上将巴顿的名字命名，故又称“巴顿”坦克。又因习惯上称M46中型坦克为“巴顿”Ⅰ型，M47中型坦克为“巴顿”Ⅱ型，因此通常又称M48中型坦克为“巴顿”Ⅲ型，M48系列坦克生产车型包括M48、M48C、M48A1、M48A2、M48A2C等，其最后一种改进型M48A5于1975年列入装备。

M48系列中型坦克系常规炮塔式坦克，车内布置由前至后为操纵部分、战斗部分和动力传动部分。乘员4人，他们是车长、炮长、驾驶员和装填手，较之M47中型坦克减少了1名航向机枪手。

M48系列中型坦克除M48A4（样车）和M48A5采用M60主战坦克的M68式105毫米线膛坦克炮以外，

M48主战坦克模型

巴顿将军

美国主流坦克——M48主战坦克

行进在沙漠中的 M48 主战坦克

枪械的研制历程 M48 系列主战坦克

1950 年 10 月，开始研制。

1952 年，在试验工作尚未全部结束以前，为了朝鲜战争的急需便仓促定型投产。

1953 年，正式列入美国陆军装备。

20 世纪 50 年代，美国陆军装甲师和机械化步兵师属坦克营的制式装备。

目前，M48 系列中型坦克已退出美军现役。

其他车型均采用 M41 式 90 毫米线膛坦克炮。M48 系列中型坦克的辅助武器通常有 1 挺 7.62 毫米并列机枪和 1 挺 12.7 毫米高射机枪。M48A3 式及其以后的车型采用 M73 并列机枪，以前的车型则采用 M1919A4E1 式并列机枪。

M48 系列中型坦克各车型的外形尺寸不尽相同。车体为均质装甲钢浇铸结构，车体前部呈船首状。M48 系列坦克配备有毒气过滤设备。M48 系列中型坦克车内配有取暖器。车首可挂装推土铲。安装涉渡设备时，可涉渡 2.4 米深的水障碍；而当安装潜渡设备时，潜水深可达 4.1 米。

M48 系列中型坦克的火控系统，主要包括主炮和炮塔的电液式驱动机构（另备有手动高低机和方向机）、机电式弹道计算机和光学测距仪等部件。炮塔方向回转速率为 360 度 /15 秒。

美国 M48 主战坦克

世界上生产数量最多的水陆坦克>>>

俄罗斯 PT-76 水陆坦克

主要诸元：

车长→（炮向前）7.63 米
（车体长）6.91 米
车宽→（不带裙板）3.14 米
车高→（至炮塔顶）2.23 米
最大行程→250 千米
战斗全重→14 吨

PT–76 水陆坦克堪称是水陆坦克的"经典"，具有"水上蛟龙"之称。是世界上生产数量最多的水陆坦克，总产量为 7000 多辆。

PT–76 水陆坦克，乘员由车长（兼炮长）、驾驶员和装填手组成。与轻型坦克相比，PT–76 水陆坦克的主要特征是车体相对庞大，装甲较薄，这是为了保持良好的水上性能所必须具备的。

早期的 PT–76 水陆坦克的主要武器为 1 门 D–56T 型 76.2 毫米坦克炮。PT–76 水陆坦克的最大特点是浮渡能力，水上最大航速为 10.2 千米 / 时。该车是世界上最先采用喷水推进器的坦克之一。

PT–76 水陆坦克静态展示

为了确保坦克的浮渡能力，PT–76 水陆坦克的车重受到严格控制，车体正面首上装甲厚度为 10 毫米，倾斜角为 80.5 度，首下装甲厚度为 13 毫米，倾斜角为 45 度，车体侧面为垂直面，上部装甲厚度为 13 毫米，下部装甲厚度为 10 毫米。车体后部装甲厚度为 6 毫米，车体后部两侧有两个喷水推进器。车体底部由两块 5 毫米厚的装甲板构成。炮塔装甲厚度为 11 ~ 17 毫米。

PT—76B 水陆坦克纪念邮票

坦克的研制历程 俄罗斯 PT–76 水陆坦克

20 世纪 50 年代初 PT–76 水陆坦克装备苏军，至今仍在部队服役，编在坦克师、摩步师的侦察连、营中。

20 世纪 70 年代，PT–76 水陆坦克和后来的改进型 PT–76B 水陆坦克是苏联海军陆战队使用最广泛的坦克。

至今仍在俄罗斯军队中服役。

水陆坦克不仅能在陆地上行驶、作战，还可在水上行驶、作战，主要用于强渡江河、泥沼地和近海登陆作战。因为水陆坦克的车体比普通坦克要大，呈船形，所以能在水中浮动。有的利用特别履带划水前进；有的用螺旋桨推进；有的用喷水式推进器喷水前进。每小时可超过 10 千米，能抗三四级风浪，被称为“水上蛟龙”。现代坦克都具有潜渡性能，一般只需 15~30 分钟的改装，就可以通过水深 4~6 米、流速 1.5 米 / 秒的水障碍。

俄陆军杀手锏 >>> T-80 主战坦克

主要诸元：

车长→ （炮向前）9.65 米
（炮向后）9.72 米
（车体长）7.01 米

车宽→3.38 米

车高→ （至炮塔顶） 2.20 米
（至高射机枪） 2.68 米

主要武器→

2A46M-1 型 125 毫米滑膛炮

辅助武器→

7.62 毫米机枪、12.7 毫米高射机枪

T-80 主战坦克是世界上最早以燃气轮机作为主发动机的坦克，与世界上同时代的主战坦克相比，T-80 主战坦克是最矮的，降低了中弹概率。同时采用多种新材料和防护措施，其中有新式镶嵌反应装甲、被动式装甲板和模块附加装甲，既能抗硬打击，还能防核效应和电磁脉冲。

经过多年的发展，现在 T-80 有着许多改进型，如：B、BV、U、UD、UM、UM1 等。至 2004 年，俄军现役各型 T-80 主战坦克约有 3000 辆，其中以 BV 型和 U 型这两种最多。

T-80BV 实际上是配备有第一代反应装甲的 T-80B 型的改进型，该坦克 1984 年始被西方发现，但事实上其早在 1982 年便大批量加入现役。与 T-80B 型相比，T-80BV 主要是在炮塔与车体前部加装了多达 220 块爆炸式反应装甲，从而使其防护力大为提高。车内的武器系统、电子设备也得以更新。现役 T-80BV 上的第一代反应装甲已被更好的“接触 -5”型爆炸反应装甲所代替。T-80BV 早在 1985 年便已停产。

俄罗斯先进的 T-80 主战坦克是世界上优秀的主战坦克之一。

T-80U型主战坦克是苏联在1985年年底开始装备部队的经重大改进的型号，也是T-80系列中产量最多的一种，西方估计俄现装备超过3000辆。

目前，T-80U已不再生产装备俄军，现在仍在生产的少量T-80U主要是为了满足出口需要。T-80UM则是在T-80U基础上，进行大规模电子设备改良的一型主战坦克。该型坦克在外形上和主要性能上皆与T-80U相同，主要差别在于其使用了性能更先进的电子设备。

坦克的研制历程 T-80主战坦克

1968年4月16日，T-80主战坦克开始由苏联列宁格勒基洛夫工厂研制。

1980年，T-80主战坦克开始大批量装备部队。

1982年，T-80主战坦克大批量加入现役。

1995年，第一次车臣战争中，受损的坦克基本上都是该型坦克。

T-80主战坦克全貌

T-80主战坦克125毫米炮的最大仰角

现役最先进坦克>>>俄罗斯T-90主战坦克

主要诸元:

车长→ *(炮向前) 9.53米*
(炮向后) 9.67米
(车体长) 6.92米

车宽→ *(带裙板) 3.78米*
(至履带) 3.37米

车高→ *(至炮塔顶) 2.23米*
(至高射机枪) 2.87米

主要武器→
2A46M型125毫米滑膛炮

辅助武器→
7.62毫米机枪、12.7毫米高射机枪

T-90主战坦克在研制初期只是T-72的一种改进型，但由于应用了T-80的先进技术，并且性能提高相当大，因而重新命名为T-90。

与T-72坦克和T-80坦克相比，T-90主战坦克的火力和防护系统都有不少改进。火力系统的改进表现在火控系统上。T-90主战坦克的火控系统为1A45T型，是T-80У坦克上的1A45型的改进型，改进项目包括：弹道计算机、炮长测距/瞄准镜、火炮稳定器等。

T-90主战坦克的火炮和T-80У的型号相同，为1门125毫米滑膛炮，但弹药做了改进，采用新型破甲弹和杀伤爆破弹，提高了对付反应装甲的破甲能力。另外，T-90配有4枚9M119型激光制导反坦克导弹，由125毫米滑膛炮发射，可用车内的自动装填机装填，最大有效射程5000米，最大穿甲厚度约750毫米，可使该坦克在敌坦克、车载反坦克制导武器和攻击直升机攻击之前将其消灭。

T-90主战坦克是俄罗斯陆军最先进的陆战装备装甲

防护系统的改进主要是两个方面：一是炮塔的改进，二是加装了“施托拉”-1型光电干扰系统。在主装甲外面，还加装了“接触”-5爆炸反应装甲。

目前，它至少已有两种变型车，即T-90E和T-90C，估计未来几年还会有新的改进型出现。

坦克的研制历程 俄罗斯T-90主战坦克

1990年，T-90主战坦克开始研制。

1993年初，有关T-90主战坦克的首次露面是在西方报刊中。夏季在俄罗斯莫斯科附近的库宾卡城举行的武器装备展览会上首次公开亮相。

1994年，T-90主战坦克开始小批量生产装备俄陆军。

2000—2020年间，T-90及其改进型坦克很可能成为俄陆军的主要作战装备。

T-90主战坦克的火炮为125毫米滑膛炮

T-90主战坦克潜渡训练

T-90主战坦克在野外训练过程中，发射防御用的烟雾弹。

T-90主战坦克装甲特写

神秘的俄罗斯“黑鹰”主战坦克

“黑鹰”主战坦克是苏联解体之后，其继承者俄罗斯让世人眼前一亮的陆军主战装备。该车代表俄罗斯坦克设计上的重大变化，它有类似于西方坦克的炮塔样式，即尾舱与战斗室之间用装甲板隔开。

该车的最大特点是采用了西方坦克上惯用的大尾舱炮塔，尾舱顶部装有爆炸气浪排放板，自动装弹机安装在炮塔尾舱内，明显提高了生存能力。车上还采用静液转向机构、卫星导航系统、探测直升机传感器、防雷达涂层、空调系统、数字式保密传输设备和敌我识别系统等先进技术。

主要诸元：

车长→*6.86 米*

车宽→*3.59 米*

车高→*1.82 米*

主要武器→

2A46M-4 型 125 毫米滑膛炮

辅助武器→*7.62 毫米并列机枪、新型 12.7 毫米高射机枪*

坦克的研制历程 俄罗斯“黑鹰”主战坦克

20 世纪 80 年代中期，开始研制“黑鹰”主战坦克。

20 世纪 90 年代初，在鄂木斯克造出了多辆样车准备进行试验。

“黑鹰”主战坦克炮塔尾舱带有明显的西方风格

“黑鹰”主战坦克模拟图。

俄一些军事杂志报道：“黑鹰”主战坦克主装甲为俄最先进的复合装甲，在性能上可与美国的贫铀装甲相媲美。装甲材料是在淬硬钢板内交替嵌入贫铀材料、特种塑料层以及受控变形层组成的，防穿甲弹与破甲弹的能力分别相当于 900 毫米和 1400 毫米厚的均质钢板。不管真实的情况到底如何，有一点是肯定的，“黑鹰”坦克炮塔前与车首主装甲的厚度要远高于以前任何一种 T 系列主战坦克。

由于“黑鹰”主战坦克是从T-80坦克家族发展而来，因此在布置形式上仍继承了T系列坦克的传统布置形式。全车由前至后仍分成驾驶部分、战斗部分和动力传动部分。

“黑鹰”主战坦克由于其炮塔和炮管均被遮蔽，所以曾引起外界诸多猜测

俄方对外宣称，“黑鹰”主战坦克采用一种新型的数字型稳像式火控系统，在性能上至少与美国M1A1主战坦克使用的火控系统相当，它具备全自动目标跟踪、识别和排序功能。不要说T系列坦克，就是许多西方新型主战坦克也没有这种能力。此外，“黑鹰”主战坦克还安装了C3系统，这将为俄装甲部队的作战能力带来革命性的变化。

为改进俄制坦克“怕”夜战的弱点，“黑鹰”主战坦克的车长与炮长都拥有各自的全景稳定式热像仪。此种热像仪具搜索、发现和指示目标的能力。驾驶员使用的新一代观察装置除了能使成像质量显著提高外，还可在搜索目标和地雷方面发挥作用。

目前，俄罗斯军事装备进出口公司可以按用户的意图方便地换装“黑鹰”主战坦克上的任何武器、电子设备及动力装置，还可按照“黑鹰”主战坦克的标准改装T-64、T-72、T-80主战坦克，改装一辆坦克的费用只有“黑鹰”主战坦克售价的几分之一，这对于拥有众多T系列主战坦克的国家来说，无疑是一个天大的喜讯，当然这对囊中羞涩且极需战力提升的俄军装甲部队来说也极具诱惑力。

美国M1主战坦克

火力全球首屈一指 >>> 俄罗斯 T-95 主战坦克

俄罗斯 T-95 主战坦克发射的炮射导弹可在远距离击穿 1200 毫米厚装甲。

主要诸元：

战斗全重→*53 吨*
车长→*（炮向前）11.25 米*
车宽→*3.5 米*
车高→*2.53 米*

俄罗斯 T-95 主战坦克的火力和作战效能比 T-80У 主战坦克提高 70%以上，它采用全新的总体设计技术，减小了车体外形尺寸，提高了车辆的隐蔽性，也减轻了车辆的重量，提高了战略战役机动性。装有小型的无人炮塔，自动装弹机和炮塔之间用装甲板隔开，使乘员的生存能力得到提高。

T-95 主战坦克炮塔采用窄正面造型，全焊接结构，车体左侧是驾驶室，驾驶室内装有驾驶操纵装置、昼夜观察装置、仪表检测、指示报警装置、潜渡方位仪和可调式驾驶椅等。战斗室位于坦克的中部，前面与驾驶室相通，后部与动力室用隔板隔离。

坦克的研制历程 俄罗斯 T-95 主战坦克

2000 年 9 月，俄罗斯乌拉尔机车制造厂宣称，该厂正在研制一种新坦克，称为 T-95 主战坦克。这是继“黑鹰”主战坦克之后又一次新型装备的披露。

2010 年左右，俄研制者预计 T-95 主战坦克将取代目前俄军装备的 T-72、T-80、T-90 主战坦克，成为俄军 21 世纪装备部队的新一代主战坦克。

俄罗斯未来 T-95 主战坦克想象图

该坦克的研制者认为，具有“革命意义”的T–95主战坦克在防护隐身、机动、火力等诸多战术技术性能方面，足以令世界上服役的最先进的主战坦克俯首称臣。

号称领先西方10年的俄罗斯T–95主战坦克

据悉，T–95主战坦克的武器与现役坦克存在着显著区别。在火力方面，T系列坦克一直装备着世界最大口径的125毫米滑膛坦克炮，火力一直居世界第一，而T–95主战坦克的火炮口径更大，是世界各国主战坦克中口径最大的主炮，这预示着其射程更远，杀伤力更大。它配备有新型自动装弹机和先进的火控系统，具备对昼夜移动目标完全自动跟踪、识别、选定目标等全面功能，大大缩短了从发现目标到射击的时间，提高了射击精度，而且操作简单，反应迅速。

在动力方面，T–95主战坦克的动力系统经过大幅度改进后，已超过了西方最新型主战坦克的发动机功率。

它将安装新型爆炸式反应装甲，现役120毫米坦克炮都无法在2000米射程内正面贯穿它。加强了装甲防护的T–95主战坦克还能抵御装有串联弹头的反坦克武器的攻击。T–95主战坦克还将安装主动防御系统，该系统由多用途小型雷达、反应迅速的防御弹药和专用计算机组成，主要任务是拦截、摧毁来自任何方向的以70~700米/秒速度飞行的各型来袭反坦克武器。

与以往的俄式坦克不同，T–95主战坦克的自动化程度有了明显的提高。坦克乘员将会减少至两名，分别为车长和驾驶员（兼机械师）。并且，在T–95主战坦克的设计过程中，还特别注意了人体工程设计，驾驶舱用装甲板与战斗舱完全隔离开来，座椅舒适，舱内活动空间比其他型坦克宽敞，空间狭窄造成的疲劳因素消减。此外，T–95主战坦克还装备有最现代化的无线电设备。

T–95主战坦克侧视结构图

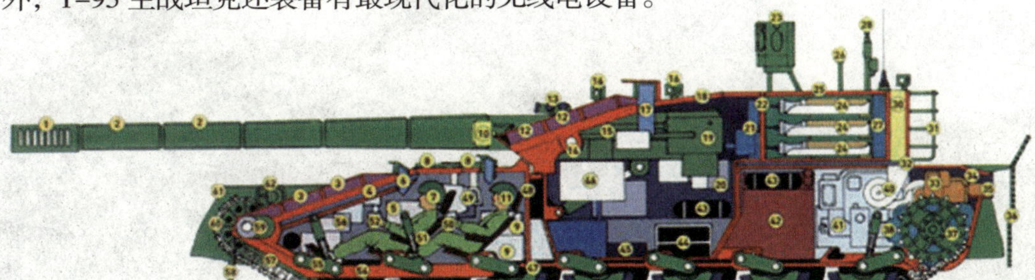

鏖兵沙场>>> 乌克兰 T-84 主战坦克

T-84 主战坦克的布局与 T-80 主战坦克非常相似，驾驶舱位于车体前部，炮塔位于车体中部，动力传动装置位于车体后部。驾驶员的座椅位于车体前部中央处，有 1 扇舱门和 3 具潜望镜，中间 1 具可以更换成被动式夜视仪。炮长的座椅位于新炮塔的左侧，车长在右侧，车长和炮长都有一个顶部舱口。炮塔由多层钢和非金属装甲组成，前部为 6 层钢质 / 陶瓷及玻璃纤维组合的复合装甲，两侧为 5 层。

T-84 主战坦克上安装的是 1A45 型火控系统，车长和炮长在坦克停止或行进时都能用 KBA-3 型 125 毫米主炮瞄准目标，并且有着很高的首发命中率。车长有 1 具 TKN-4S Agat 昼 / 夜垂直稳定瞄准镜，炮长有 1 具 IG46 Irtysh 双向白昼瞄准镜，内含激光测距仪和导弹制导装置。炮长的“暴风雪”—E 型夜视仪为垂直稳定式。T-84 坦克上还可以选择安装热成像夜视设备。

主要诸元：

车长→ *（炮向前）9.72 米*
（车体长）7.09 米

车宽→ *（至履带） 3.56 米*
（含裙板）3.78 米

车高→ *（至炮塔顶）2.22 米*

主要武器→
KBA-3 型 125 毫米滑膛炮

辅助武器→*7.62 毫米 PKT 机枪、NSVT 型 12.7 毫米机枪*

T-84 主战坦克装备 1 门 KBA-3 型125 毫米滑膛炮

T84 主战坦克的雄姿

计算机化的模拟 / 数字式火控系统先对来自各传感器的输入数据（包括坦克和目标速度、倾斜度、风速、环境温度、弹丸和药筒温度以及身管磨损等）进行计算，然后将火炮瞄准目标，该计算机还能计算出带控制引信的榴弹何时在目标上空爆炸。弹道计算机是 1V528 型，火炮稳定系统为 2E42 型。

T-84 坦克有三重防护，即先进的复合装甲、爆炸反应装甲和“窗帘”—1 主动防护系统。爆炸反应装甲可防化学能弹和动能弹的攻击。车内壁有防护内衬，当穿甲弹穿透车体后，内衬可挡住大部分碎片，以降低对人员的杀伤率。悬挂装置的上部被裙板覆盖，裙板前半段为 3 节组合式双层钢质装甲，后半段为金属网衬橡胶混合制品。车辆前面挂有全橡胶挡板，用以防尘。车体正面还可以加挂两块特殊的垂直橡胶甲板。

T-84 的变型车有 T-84U 主战坦克、T-84-120“堡垒”主战坦克、BTMP-84 重型步兵战车和 BREM-84 装甲抢救车。

坦克的研制历程 乌克兰 T-84 主战坦克

T-84 主战坦克由乌克兰莫洛佐夫机械设计局研制，并由乌克兰马雷舍夫坦克厂生产。该厂是 T-64、T-64A、T-64B、T-80UD 主战坦克的研制者。但是随着苏联的解体，T-80UD 主战坦克于 1991 年停产了。

1993 年，乌克兰决定进一步研制 T-80UD 主战坦克，导致了 T-84 主战坦克的诞生。

1995 年年初，该车在阿布扎比首次展出。

T-84 主战坦克养护

全身披挂的乌克兰 T-84 主战坦克缓缓驶过阅兵仪式广场。

浴火重生>>>乌克兰 T-64U 主战坦克

T-64U 主战坦克由前至后仍分成驾驶部分、战斗部分和动力传动部分。乘员 3 人：车长、炮长、驾驶员。

车体为全焊接结构，驾驶员位于车体前部中央，其上方有 1 扇向右开的滑动式舱盖，舱盖上装有 3 具潜望观察镜，在需要时，中间的 1 具可换成微光或红外潜望镜。

主要诸元：

车长→ *（炮向前）9.86 米*

车高→*2.2 米*

主要武器→

KBA-3 型 125 毫米滑膛坦克炮

辅助武器→*7.62 毫米并列机枪、12.7 毫米高射机枪*

T-64U 主战坦克的炮塔依然处于车体中部，构成战斗部分，车长与炮长在炮塔内的位置分居于右侧和左侧。车长指挥塔顶部的舱门向前开启，门的顶部安置了 3 具后视潜望镜，指挥塔四周安装有 5 具潜望镜，在指挥塔的正前方安装了 1 具热成像仪和 1 挺 12.7 毫米的高射机枪。炮长上方的舱门也向前开启，舱门正前方也有 1 具热成像仪。在炮塔的后部左右侧装有一组 9 具烟幕发射器。另外，炮塔的转动不受舱盖开闭的影响。其主动红外探照灯仍在炮塔的右边。T-64U 主战坦克的底盘仍是原 T-64 主战坦克的底盘，动力传动装置位于车体后部，包括发动机、传动装置等。

T-64 主战坦克。T-64U 主战坦克就是从 T-64 型改进而来。

坦克研发新思路

近十年来，世界上新型坦克的研制速度明显放慢，各国都把精力集中到了改进现有坦克的技术性能上面。在这股改装热潮中，出现了两种思路：美、法、德、英等西方国家基本上是依靠自己的技术进行改装，捷克、波兰等东欧国家则走上了东西合璧的技术改装道路。就连在世界上享有盛誉的乌克兰莫洛佐夫机械设计局也逐渐改变了自己的一贯风格，开始在坦克改装方面越来越多地采用西方技术。

在火控系统方面，把T-84坦克上的火控系统安装到了T-64U坦克上。这种火控系统为稳像式火控系统。炮长昼间瞄准镜为双向稳定，有激光测距通道和制导通道。

其他各种传感器包括横风传感器、炮耳轴倾斜传感器、身管磨损传感器、弹药温度传感器等。

T-64U坦克上还装了许多令西方人极感兴趣的装备，如可侦测30千米范围内直升机的传感器及神秘的防雷达探测涂层，这种涂层能有效减少T-64U坦克被敌方发现的概率。为保证乘员能在任何情况下完成作战任务，如在沙漠或北极寒冷地区作战，车内安装有空调系统，还安装有能够抗强烈干扰的数字化通信保密设备、卫星导航定位系统等装置及独一无二的敌我识别系统。

目前该局仍在对苏联时期的各种装甲武器进行改进，以使它们的战斗力接近、达到或者超过西方的同类坦克，并且该局不断把这些改良产品推向国际市场。

T-64主战坦克是第一个投入战争使用的第三代主战坦克。

T-84主战坦克

坦克的研制历程 乌克兰T-64U主战坦克

苏联解体后，乌克兰接管了驻防在其境内的苏联军队，由于解体之初，乌克兰经济一溃千里，军费十分拮据，进入20世纪90年代中后期，部队的经费仍远远达不到需要的数量，装备却日趋老旧。为了提升部队的战斗力，乌克兰国防部决定升级现役主战装备，在乌克兰陆军中，主力战车T-64成为升级改造的首选目标。

莫洛佐夫机械设计局很快制订出改进计划，把改进的重点放在升级T-64坦克的防护、火控系统、火力和机动性上，力求将改进后的T-64的战力提升到可以抗衡西方第三代主战坦克。另外，在保持车的原有结构的前提下，为节省费用和时间，莫洛佐夫机械设计局大量采用现有的技术和经验，这大大加快了研制进度，仅仅在短短的一年多的时间，就制成首辆样车。

马雷舍夫工厂是乌克兰的装甲装备主要生产者，也是苏联时代T-64坦克唯一生产者。

生不逢时的老“酋长”>>>

英国“酋长”主战坦克

“酋长”主战坦克上承“百人队长”坦克，下接“挑战者”坦克，具有英国C系列坦克的典型特征，强调火力和防护，是英国坦克的一贯传统。

“酋长”主战坦克以前一度音译为“奇伏坦”坦克，是20世纪60年代生产的第一代主战坦克中最重的坦克，体现出英国主战坦克重视防护的特点。

“酋长”主战坦克乘员4人（车长、炮长、驾驶员和装填手），总体布置为传统的炮塔式坦克，车体内部由前至后分别为：驾驶室、战斗室和动力舱。车内布置紧凑，半仰卧的驾驶员座椅更是一个“亮点”，有利于降低车体高度。

主要诸元：

车长→ *（炮向前） 10.80米*
（炮向后） 9.87米
（车体长） 7.52米

车宽→ *（带裙板） 3.66米*
（不带裙板） 3.5米

车高→ *（至炮塔顶） 2.40米*

主要武器→

L11A5型120毫米线膛炮

辅助武器→

L8A1型7.62毫米机枪
L37A1型7.62毫米机枪

“酋长”主战坦克的一个突出特点是，率先采用了L11A5型120毫米线膛炮。

“酋长”主战坦克的正面装甲厚度达150毫米

坦克的研制历程 英国“酋长”主战坦克

1963年5月，“酋长”主战坦克被英军批准服役。近年来，“酋长”主战坦克的数量正在逐步减少。

20世纪90年代末，在英军中服役的所有“酋长”主战坦克全部退役，陆续由“挑战者”主战坦克代替。

“酋长”主战坦克的一个突出特点是，率先采用了 L11A5 型 120 毫米线膛炮。它是世界上最先采用 120 毫米口径的主战坦克。L11A5 型 120 毫米线膛炮的射速较高，可发射各种 120 毫米线膛炮炮弹，包括 L23A1 曳光尾翼稳定脱壳穿甲弹、L15A4 曳光脱壳穿甲弹、L31 碎甲弹、破甲弹、L34 发烟弹、照明弹和空爆弹。

“酋长”主战坦克的推进系统也很有特色。最大的特点是采用了二冲程多燃料发动机。世界上多数坦克采用的是四冲程发动机，采用二冲程发动机的只有英国的“酋长”主战坦克、日本的 74 式坦克等少数坦克。

以 20 世纪六七十年代的标准来看，“酋长”主战坦克的装甲防护性能堪称一流。车体为钢装甲全焊接结构，炮塔为整体铸造件。整车的各缝隙和舱门处都经过特殊处理，密封性较好。三防装置放置在炮塔尾舱内，为集体式三防装置。坦克内有 5 个便携式灭火瓶和自动探测报警系统。在炮塔顶的后部装有红外探测器，可探测全周向的红外光源。

20 世纪 70 年代至 80 年代，一些军事大国研制出一大批先进的主战坦克，包括 T–72、T–80、“豹”2 和 M1 坦克等，这些坦克在性能和价格上具有优势，即在性价比上压倒了“酋长”主战坦克。对于“酋长”坦克来说，应该有“既生瑜何生亮”之憾。

“酋长”主战坦克侧视图

“酋长”主战坦克后视图

“酋长”主战坦克前视图

英国人的骄傲>>>

英国“挑战者”2型主战坦克

主要诸元：

车长→（炮向前） 11.55米
（炮向后） 9.86米
（车体长） 8.33米
车宽→（带裙板） 3.52米
（不带裙板） 3.42米
车高→（至炮塔顶） 2.49米
车底距地高→500毫米

“挑战者”2型主战坦克是英国陆军自第二次世界大战后设计的最强的主战坦克。这型坦克的最大特征就是62.5吨的战斗全重和世界最高水平的防弹能力。

“挑战者”2型的车体和炮塔的构型均采用匿踪技术以降低雷达信号。虽然看起来它的车体和“挑战者”1型没有太多不同，但各项改良总计达到156项之多。此外，鉴于“挑战者”1型在维修上的诸多问题，新车体特别加强了整体的可靠度，单动力系统方面就进行了近50项的改良。

“挑战者”2型之前的英国坦克在车载电子装备上是相对落后的，而“挑战者”2型则在这一方面有了长足的进步。首先是FCS中枢数字化计算机，采用了新一代的CDC制，车内各种电子设备通过数据总线相连接，以后还将加入现在正在开发中的战场信息控制系统BICS和GPS全球卫星定位系统。这些改进将会使“挑战者”2型成为真正电子化的主战坦克。

英国陆军现役“挑战者”2型主战坦克

“挑战者”2型配备全新的炮塔，这是最重要的改良项目，构型设计上参考了MK.7/2型和巴西的“熊”式OSORIO战车，整合两种炮塔的诸多特性。新炮塔的整体布置和“挑战者”1型相仿，但构造非常简洁，省略了后者的外部杂物箱，但尾舱中装有核生化系统和环境控制系统。“挑战者”系列坦克一直以重视防御著称，“挑战者”2型的防护能力，特别是炮塔的防护能力大幅提升，采用第二代“乔巴姆”复合装甲，这种装甲对抗动能弹和化学弹的效能极佳。

“挑战者”2型却坚持采用线膛炮，该坦克上有存放42个药筒和64个弹丸的位置，每个药筒位置可放1发脱壳穿甲弹或者两发碎甲弹或发烟弹药筒。一种典型的混合储存弹药方式是20发脱壳穿甲弹和44发碎甲弹或发烟弹。

“挑战者”2型搭载的是帕金斯公司生产的康达（Condor）12V–1200型涡轮增压柴油机，在2300转/分时功率为882千瓦（1200马力）。该发动机有两个涡轮增压器，单缸功率达73.5千瓦（100马力），发动机的控制采用道提防卫公司制造的数位控制单元以及大卫布朗公司的TN54变速箱，不仅提高了发动机的功率，同时也提升了机动性。

枪械的研制历程 英国“挑战者”2型主战坦克

1993年，开始基本型生产。

2002年，已经有386辆进入英国装甲兵部队服役，另外还有38辆出口到了阿曼。

采用第二代“乔巴姆”复合装甲的“挑战者”2型主战坦克。

越野行驶中的“挑战者”2型主战坦克

陆战王者>>>德国“豹”2主战坦克

主要诸元：

车长（炮向前）→*9.61米*

车宽（不带裙板）→*3.42米*

车高（至炮塔顶）→*2.48米*

主要武器→*120毫米滑膛炮*

辅助武器→*2挺7.62毫米机枪*

“豹”2主战坦克采用常规炮塔式坦克的结构形式，车内由前至后依次分为驾驶部分、战斗部分、动力传动部分。车内有乘员4人，即车长、炮长、驾驶员和装填手。

“豹”2主战坦克上装有1门莱茵金属公司研制的RH-120型120毫米滑膛炮。身管用冷拉无缝钢管制成，经过自紧工艺处理，设计膛压为710兆帕，内表面镀有硬铬，寿命可达500发（全装药当量）。

“豹”2主战坦克的120毫米滑膛炮配用两种尾翼稳定的标准弹，即DM-13型动能弹和DM-12型多用途弹。

“豹”2主战坦克的火控系统主要由以下部件组成：EMES 15炮长主瞄准镜、PERIR17车长周视潜望瞄准镜、FERO-Z18炮长辅助瞄准镜、WNA-H22火炮随动装置、中心逻辑电路、火控计算机、火控系统操纵装置、计算机控制的RPPl-8检测仪。

“豹”2主战坦克在阅兵仪式上

“豹”2主战坦克的车体和炮塔均由高强度、高韧性钢与其他材料制成的复合装甲板焊接而成，炮塔周围呈垂直状（这是“豹”2主战坦克的典型外部特征），其内部采用隔舱化结构，用密封隔板将乘员室（战斗室）与发动机室、备用弹舱、储压室和液压装置等分隔开，从而提高了乘员的生存能力。

另外，车体两侧有履带裙板，铁路运输时，前边的4块重型裙板可向上折起或卸下。翼子板上方是填有泡沫塑料的橡胶油箱，减少了中弹时爆炸的危险。车底的特殊造型提高了坦克的防地雷能力。炮塔尾部的伪装器材（帆布和伪装网等）为炮塔提供了良好的附加防护。车辆的高度机动性也有助于提高坦克的生存能力。

“豹”2主战坦克采用1台MB873Ka-501型12缸、90度夹角、四冲程水冷柴油机。该发动机有预燃室燃烧系统，输出功率达到1500马力，与车重的比率是27马力/吨，是目前世界上功率最大的发动机。

从第五批“豹”2主战坦克起，安装了抑爆装置，它可抑制乘员室内因中弹而可能引起的燃油或液压油起火，以防止碳氢化合物的爆燃对乘员造成伤害。

枪械的研制历程 德国“豹”2主战坦克

“豹”式坦克是20世纪70年代由美国和联邦德国共同研制开发的MBT70所衍生出来的主力战车。

“豹”2主战坦克于1979年10月正式列入联邦德国陆军装备。

自从“豹”2主战坦克开始生产至今，已经历了20多年的时间，这完全可以被称为是一个军事工业的奇迹。

涂上迷彩的“豹”式坦克

中东猛虎>>>以色列“梅卡瓦”主战坦克

以色列的“梅卡瓦”主战坦克的设计思路与当今世界的坦克主流截然相反，却获得了众多坦克专家的认可，被誉为“世界上防御最好的坦克”。

以色列“地小人少”的特殊国情是另类“梅卡瓦”诞生的原因。由于兵源有限，以色列把坦克乘员的生存放到了首要的位置。从“梅卡瓦”Ⅰ型坦克设计之初就要求把乘员位置放低并尽可能坐在车体后部，因此采用了独特的动力–传动装置前置的总体布局方案，发动机、燃油箱等都被用作辅助防护手段，将乘员位于3米厚的各种防护层之后，心理上的安全感大大增强，从而最大限度地增强了乘员逃生的可能。

为了贯彻“防护第一”这一理念，“梅卡瓦”的装甲防护得到了空前的重视，它是号称“把75%的车重都用于防护上的坦克”，而一般的主战坦克用于防护的重量仅占50%。

主要诸元：

车长→（炮向前）8.63～9.04米
（车体长）7.45～7.97米

车宽→（带裙板）3.7～3.72米

车高→
（至炮塔顶）2.64～2.66米
（至车长指挥塔）2.75～2.80米

车底距地高→470～490毫米

“梅卡瓦”主战坦克是主战坦克中的一个传奇

行进中的“梅卡瓦”主战坦克

参战经历

在1982年的第五次中东战争中，“梅卡瓦”主战坦克首战成名。入侵黎巴嫩的以色列“梅卡瓦”主战坦克击毁了9辆叙利亚的T-72坦克，而其本身虽多次被击中却凭借良好的防护性能无一人伤亡，在打破了T-72坦克不可战胜的神话的同时又创造了“梅卡瓦”不可摧毁的神话。

然而在2006年8月的黎以冲突中，在真主党游击队的反坦克导弹面前，“梅卡瓦”系列坦克却接连被重创。

以色列国防部认为，在现代战争中，坦克不再起决定性作用，而且在战场上的表现也不如人意，因此决定提前于2007年上半年完成正在执行的“梅卡瓦”Ⅳ坦克生产项目，2009年开始淘汰服役最长的“梅卡瓦”Ⅱ和Ⅲ型坦克。根据以色列陆军的未来改革计划，以陆军的装甲规模将进一步缩小，会装备更多的重型步兵战车和自行火炮，加强其机械化程度。“梅卡瓦”的传奇走到了尽头。

“梅卡瓦”Ⅰ型、Ⅱ型、Ⅲ型坦克侧面图的比较

作战中的以色列坦克兵，身旁是他们引以为傲的“梅卡瓦”主战坦克。

太阳旗下的“铁甲精英”>>>

日本74式主战坦克

74式主战坦克侧视图

主要诸元：

车长→ *（炮向前） 9.41米*
（炮向后） 7.84米

车宽→ *（带裙板） 3.18米*
（不带裙板） 3.12米

车高→ *（至炮塔顶） 2.25米*

主要武器→
L7A1型105毫米线膛炮

过垂直墙高→*1米*

越壕宽→*2.7米*

74式主战坦克是日本为了在20世纪70年代后期至80年代更换陈旧的61式坦克而研制的，它是日本战后生产的第二代坦克。

和西方“人高马大”的主战坦克相比，74式主战坦克更接近T系列坦克，属于“小巧玲珑”型，车内乘员4人（车长、炮长、驾驶员和装填手）。

坦克的研制历程 日本74式主战坦克

1964年，开始研制。

1974年9月，定型并开始装备日本陆上自卫队，主要编配在装甲师及步兵师的坦克分队中。迄今共装备870辆。

74式坦克还是现役装备，正在大量使用，其抗弹性自然不会随便公开。

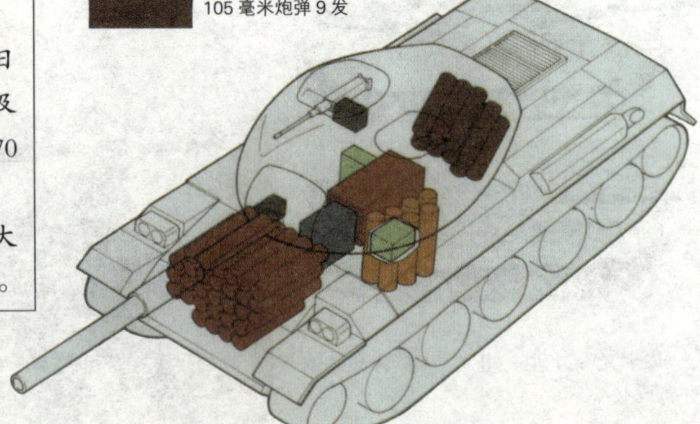

74式主战坦克的炮弹布置图

74 式主战坦克的炮塔为铸钢炮塔，炮塔尾舱是焊接的，流线型较好。

发射的弹种为：脱壳穿甲弹、尾翼稳定脱壳穿甲弹、多用途弹和碎甲弹等，所有的弹种均为曳光弹。

74 式主战坦克的两大特色是，采用了二冲程风冷柴油机和可调式液气悬挂装置。动力装置为三菱重工业公司制造的 10ZF22WT 型二冲程复合增压风冷柴油机。

74 式主战坦克列装已经 30 多年，但其装甲防护性能仍是机密中的机密。

太阳旗下的“铁甲精英”——74 式主战坦克。

总的看来，74 式主战坦克的设计思想是，重视火力和机动性，三大性能比较均衡，强调“适于国土防卫作战”。这种坦克适应日本多山地丘陵、河川纵横的地形特点。在设计上，74 式主战坦克有许多独到之处，被日本陆上自卫队视为“铁甲精英”。但是，如果与 M60、“豹”1 以及 T-62 横向比较的话，并不占优势。

74 式主战坦克后视图，与其他坦克相比，74 式坦克更为低矮和紧凑，具有较好的避弹性能。

日本 74 式主战坦克堪称日本第二代坦克中的佼佼者。

“东西合璧”的“东瀛利刀”>>>

日本90式主战坦克

主要诸元：

车长→（炮向前） 9.75米
（车体长） 7.45米

车宽→（带裙板） 3.33米

车高→（至车体顶） 2.34米
（至炮塔顶） 1.57米
（至机枪） 3.04米

主要武器→120毫米滑膛炮

辅助武器→

M2型12.7毫米高平两用机枪、74式7.62毫米并列机枪

90式主战坦克被日本人称为“世界上第一流的坦克”，有人称它是“世界上最昂贵的坦克”。

90式主战坦克在1997年世界主战坦克排行上名列榜首，在1998—2004年世界主战坦克排行榜上均居第三位，日本坦克已跻身于世界先进坦克行列之中。90式主战坦克吸取了德国坦克火炮威力大、机动性能好的优点，又吸取了苏联坦克总体布置紧凑、战斗全重较轻、乘员少等优点，再充分利用日本先进的电子技术，可称得上“东西合璧”的优秀坦克。

90式主战坦克的另一个特点是采用自动装弹机，这正符合了日本坦克追求紧凑的目标，因为安装自动装弹机就可以节省出装填手和装填手作业的空间。120毫米滑膛炮的炮弹又大又重，自动装弹机对于体形矮小、体力较差的日本人来说自然是最合适不过了。

全速前进中的日本90式主战坦克

90 式主战坦克是日本首次采用复合装甲的坦克，但日本在第二次世界大战期间就开始研制复合装甲，是世界上研制复合装甲最早的国家。战后，日本在研制 74 式坦克的同时，就研制了一种称为 G 装甲的重型复合装甲。90 式主战坦克的复合装甲是对 G 装甲加以改进的复合装甲，由轧制装甲钢和蜂窝状陶瓷夹层组成，用于炮塔前部和车体正面。

90 式主战坦克装有三防装置和自动灭火抑爆装置以及先进的激光探测报警装置。当被敌方发射的激光照射时，报警装置便立即向乘员报警，并采用相应的对抗措施，如发射烟幕弹、机动规避等。另外，激光探测系统和烟幕弹发射装置的操作也必须依靠车长面板控制。激光探测装置可接收前方 180 度范围的激光束，然后报警。激光探测从 7 个方向以灯光方式显示。灯一亮，车长马上启动烟幕弹发射按键发射烟幕弹，可避开反坦克导弹或制导炸弹的攻击。

日本在研制 90 式主战坦克时，同时考虑了在该坦克底盘基础上发展变型车。目前，90 式主战坦克的变型车主要有装甲抢救车和装甲架桥车。

坦克的研制历程 日本 90 式主战坦克

1975 年开始研制 90 式主战坦克。

1990 年定型，历时 15 年之久。整个研制经费高达 350 亿日元，每辆价格为 850 万美元。

关于日本 90 式主战坦克的情况，在设计初期，它以比现在更高的保密级别隐蔽起来。日本政府和主承包商三菱重工业公司对 90 式主战坦克讳莫如深，使得它蒙有一层神秘的面纱。直到 1988 年初，关于这种坦克的秘密才在军事圈之外部分公开。据军事评论家称，90 式主战坦克是完全现代化的，在火控和电子技术方面甚至比人们广为称道的“勒克莱尔”、“豹”2A5 和 M1A2 还要先进。正是由于这个原因，90 式主战坦克才真正成为世界级坦克。

90 式坦克被日本人称为“世界上第一流的坦克”

东瀛陆战新贵>>> 日本新型 TK-X 主战坦克

主要诸元：

车长→（炮向前）9.42 米

车宽→3.24 米

车高→2.3 米

最大速度→70 千米／时

主要武器→120 毫米滑膛炮

辅助武器→

74 式 7.62 毫米并列机枪、M2HB 式 12.7 毫米高射机枪

TK–X 主战坦克采用的主炮是 44 倍或 50 倍口径的改进型 120 毫米滑膛炮，采用德国技术，由德国莱茵金属公司特许日本钢铁集团制造。据称，发射穿甲弹时，炮弹初速比 90 式主战坦克的要快，并且能够发射专门对付反坦克手和工事的先进弹药。另外，TK–X 主战坦克也采用了自动装弹机和比 90 式火控系统更先进的新一代数字式火控系统，能够保证坦克在静止和行进间都有较高的首发命中率。

由于安装了自动装弹机，TK–X 主战坦克的乘员只有 3 人，分别是车长、炮长和驾驶员。动力系统采用了日本自研的大功率四冲程柴油发动机。另外，TK–X 主战坦克还采用了性能先进的液气弹簧悬挂装置，所以其越野性能有了大幅度提高。在现场，TK–X 主战坦克还给记者们展示了液气悬挂系统的调节能力。

日本 TK–X 主战坦克展示

日本新型 TK-X 主战坦克，是目前世界最贵的坦克之一。

与 90 式主战坦克相比较，TK-X 主战坦克采用了新型复合材料制造的模块化装甲，能在短时间安装拆卸，其装甲厚度与 90 式相当，但防护性能更强。此外，TK-X 主战坦克紧紧围绕信息战的需求，突出强化了适应信息化条件作战的 C4I 功能，并且为未来可能的升级留出了相应的空间。TK-X 主战坦克内部装有车长用的观瞄装置及液晶显示面板，配备了先进的车际信息系统。其信息传导设备能与相邻坦克实现信息共享，将实现与其他兵种作战单位的信息链接。这是 TK-X 主战坦克的最大亮点，使它跻身于世界信息化主战坦克的行列。

TK-X 主战坦克从设计特点来看，相比 90 式主战坦克重点加强了火力、机动性和信息化作战的能力，更适合海外部署和执行所谓的“维和行动”。而相比 90 式主战坦克可以将炮塔和坦克车体分别运输的设计，TK-X 主战坦克直接就可以用运输机空运。

TK-X 主战坦克

坦克的研制历程 日本新型 TK-X 主战坦克

2008 年 2 月 13 日，日本防卫省在神奈川县相模原市的防卫省研究本部，向外界展示了其最新研制的 TK-X 主战坦克，对外宣称该坦克作为 74 式和 90 式主战坦克的补充。众所周知，日本在地缘上属于四面环海的岛国，现今周边国家的坦克开发能力和对日登陆作战能力相对较弱，还不足以威胁到日本的国家安全。那么，日本为何在《2001—2005 年度中期防卫力量发展计划》中明确提出，自卫队计划耗资 513 亿日元，用于开发新式坦克，也就是现在的 TK-X 主战坦克呢？

据日本防卫省介绍，TK-X 主战坦克目前的单价为 7 亿日元，要知道，美国的 M1A2 也只有 400 多万美元，而根据日本中期防卫计划要求，日本至少需要 900 辆先进的 TK-X 主战坦克。由此可知，日本一方面大力提高舰艇编队“由海向陆”能力和对陆打击能力，一方面又不断增强坦克装甲部队的机动力和攻击力。日本军事能力的大举扩张不能不令人怀疑和警惕。

太极猛虎>>>韩国K1主战坦克

主要诸元：

车长→（炮向前） *9.67米*
（车体长） *7.48米*
车宽→（带裙板） *3.59米*
车高→（至炮塔顶） *2.25米*
车底距地高→*460毫米*
主要武器→
M68A1型105毫米线膛炮
辅助武器→
M60式7.62毫米并列机枪、
M60式7.62毫米装填手机枪、
M3型12.7毫米高平两用车长机枪

K1主战坦克是传统的炮塔型坦克，由装甲车体和炮塔两部分组成。总体采用传统布置，驾驶员位于车体左前方，车体中央是战斗舱，其上部是炮塔，车体后部是动力舱，内装发动机和传动装置。炮长位于炮塔内右前方，车长位于炮长后方且稍高，装填手位于火炮左侧。炮塔外形低矮、紧凑，为焊接结构。

该坦克采用AN/VRC-12型电台和AN/VIC-1（V）型车内通信系统。

该坦克的主要武器是1门M68A1型105毫米坦克炮，该炮由美国沃特弗里特兵工厂制造。炮管寿命是200～300发。弹种无具体规定。

该坦克用M60E2型7.62毫米并列机枪与主炮刚性安装，它是M60型机枪的改进型。该机枪由炮长操纵，车载子弹7200发。

在炮塔顶装填手出入口处的枢轴上安装的M60E3型7.62毫米轻机枪，由装填手操纵，用以对付地面近目标和空中直升机等。

K1主战坦克与M1主战坦克堪称姊妹车，但在设计上又匠心独具，别具韩国特色。

号称小 M1 的韩国 K1 主战坦克

韩国 K1A1 型主战坦克火炮特写

该坦克采用猎潜式目标捕捉 / 火控系统，反应迅速，能有效地对付多个目标，是引进美国休斯（Hughes）航空公司的产品，车长和炮长均能实施作战。

该坦克采用了钢装甲板和特种装甲，材料与 M1 坦克的相同。由于采用了外形低矮的炮塔，车体尺寸减小，中弹面积减少了 8%。

炮塔正面两侧均装有 M239 型蜂窝式六联装烟幕弹发射器，车载烟幕弹 24 发。炮塔周围的储物箱可起到间隔装甲的作用，增加了防护能力。车体两侧装有装甲裙板，且后部裙板较高，使动力舱侧部受到保护。

车内安装的哈龙（Halon）自动双路灭火系统能在 60 毫秒内把火扑灭，无集体三防装置，配备有单人防毒面具，车上装有 M8A1 三防警报系统和 M13A1 型毒气颗粒过滤器。

K1 主战坦克的改进型号有 K1A1 主战坦克、XK2 主战坦克两种。

坦克的研制历程 韩国 K1 主战坦克

K1 是美国通用动力公司帮韩国在 M1 主战坦克的基础上设计的主战坦克，也称为 88 式主战坦克。该坦克的设计充分考虑了朝鲜半岛的独特地形和韩国坦克乘员的人体特点。由于通用动力公司当时正在研制 XM1 坦克，因此该坦克借用了许多 XM1 坦克技术，也缩短了试制周期。两者外形相似，只是 K1坦克略小，与 M1 坦克可称为姊妹车。

该坦克 1985 年开始装备韩国陆军，计划生产 833 辆，以取代韩国的老式坦克。此后，又为 K1 安装了 120 毫米火炮，称为 K1A1。

K1 主战坦克部队野外训练

T-72 家族中的佼佼者>>>

波兰 PT-91 主战坦克

主要诸元：

车长→*9.67 米*

车宽→ *（至履带）3.37 米*

车高→*2.19 米*

车底距地高→*430 毫米*

PT-91 主战坦克安装了防破甲弹的爆炸式反应装甲，采用了新型计算机火控系统，改进了车辆底甲板，安装了可防地雷的驾驶员座椅和新型的 1000 千瓦柴油发动机等。

PT-91 主战坦克有乘员 3 人：车长、驾驶员和炮长。车体由前至后分为驾驶室、战斗室和发动机室。驾驶员座椅悬吊在车体上，这样可减小因地雷爆炸引起的车辆震动对驾驶员脊骨的损伤。驾驶员操纵装置包括计算机化的发动机控制和显示系统。此外，该车还安装了 PW-LWD 型火箭排雷系统和推土铲。

PT-91 主战坦克的主装甲为复合装甲，车首和炮塔外部装有爆炸式反应装甲，以提高对穿甲弹和破甲弹的防护能力。波兰研制的反应式装甲有两种，即 ERAWA-1 型和 ERAWA-2 型。

PT-91 主战坦克炮塔特写

阅兵仪式上的 PT-91 坦克

炮塔周围安装了由 4 个传感器构成的激光报警装置，坦克被激光测距仪或激光指示器照射时，即向乘员报警。

炮塔两侧各装有 6 具烟幕发射器，与激光报警装置配用，在激光光路上产生烟幕屏障。动力舱内装有德国制造的灭火抑爆系统。

PT-91 主战坦克采用一台波兰产的 S-12U 型四冲程、多燃料、水冷超压柴油发动机。近期，PT-91 主战坦克将安装新型的 1000 千瓦柴油发动机，单位功率可望提高到 15.44 千瓦 / 吨。

坦克的研制历程 波兰 PT-91 主战坦克

PT-91 主战坦克是由波兰南部的布马拉贝蒂机械工业联合企业在苏联 T-72M1 坦克的基础上研制的。

波兰从 1981 年开始仿造苏式 T-72M1 主战坦克，迄今已生产了大约 1600 辆，其中近 800 辆装备本国军队，其余的销往国外。

1992 年底，第一辆 PT-91 主战坦克样车完成。波兰共生产了 226 辆 PT-91 系列主战坦克，其中一部分是在老式的 T-72M1 系列主战坦克基础上升级而成。

2003 年 4 月，马来西亚从波兰订购了 48 辆 PT-91M 主战坦克。

T-72 家族中的佼佼者——PT-91 主战坦克

波兰 PT-91 主战坦克。

意大利“公羊”主战坦克

主要诸元：

车长→ (炮向前) 10.45 米
(炮向后) 9.49 米
(车体长) 7.6 米

车宽→ (带裙板) 3.61 米
(不带裙板) 3.45 米

车高→ (至炮塔顶) 2.5 米

主要武器→120 毫米滑膛炮

辅助武器→
MG-42/59 型 7.62 毫米机枪

“公羊”主战坦克为常规炮塔式坦克，车内由前至后为驾驶部分、战斗部分和动力传动部分。

车体和炮塔为钢装甲全焊接结构，车体前部和炮塔采用复合装甲。驾驶员位于车体前部右侧，有 1 扇舱门和 3 具潜望镜，中间的 1 具可更换成MESVG/DIL186C-1 微光夜视潜望镜。驾驶员左侧为弹药舱。

炮塔位于车体中央，车长在炮塔内右侧，左侧是装填手位置，车长前下方是炮长位置。炮塔顶部有爆炸波排放板。炮塔左侧有一个补弹窗。车长有 1 扇向后开启的舱门和周视潜望瞄准镜。炮长有 1 具潜望瞄准镜和 1 具望远式瞄准镜。装填手有 1 扇向后开启的舱门和两具顶置潜望镜。

“公羊”坦克采用了先进的新型复合装甲，车体前部倾斜装甲、炮塔前部和侧面的装甲使用了先进的复合材料。炮塔尾舱顶部还装有爆炸波排放板，炮塔尾舱内

意大利陆军装备的“公羊”主战坦克

意大利的铁骑——公羊主战坦克

意大利的“公羊”主战坦克整车结构细节图

炮口特写

发生爆炸时可减少损失。保护行动装置上半部分的侧裙板由先进的聚合物复合材料制成，与过去有钢板加强的橡胶裙板相比，在防护水平相当的情况下，重量和费用降低了40%～85%。

“公羊”坦克装有超压式集体三防装置。在通常情况下，通过旋风筒式滤清器过滤进入的空气。在三防情况下，旋风筒式滤清器过滤的空气还需通过一组组合式滤清器。“公羊”坦克内部装有自动灭火抑爆系统。炮塔两侧各有一组4具烟幕弹发射装置。

“公羊”坦克安装了奥菲辛·伽利略TURMS（坦克通用结构组合式组件系统）OG14L3型指挥仪式火控系统。

“公羊”主战坦克在1990—1994年装备意大利陆军，以取代原有的部分M47等老式坦克。装备数量约为300辆，其中225辆装备两个坦克旅和1个机械化步兵旅，其余则用作教练车。

威武的“公羊”主战坦克群

"坦克赛车" >>>

法国 AMX "勒克莱尔" 主战坦克

主要诸元：

车长→ *(炮向前) 9.8 米*
(车体长) 6.88 米

车宽→ *(带裙板) 3.71 米*

车高→ *(至炮塔顶) 2.53 米*

主要武器→*CN120-26 (或 F1) 型 120 毫米滑膛炮*

辅助武器→*12.7 毫米机枪、7.62 毫米高射机枪*

AMX "勒克莱尔" 主战坦克是法国第三代主战坦克，自投入生产以来，在不断进行改进，先后生产出适应中东热带地区使用的改进型坦克，后又根据本国的需要，对其进行了大量改进，改进后的坦克将称为 MK2 或 21 世纪系列坦克。

法国 AMX "勒克莱尔" 主战坦克是当今科技含量最高的坦克。"勒克莱尔" 坦克最引以为傲的是它的电子系统，可以说是历史上第一辆电子化坦克。以 FINDERS 战场管理系统为代表，3 台计算机多重数据连接及 GPS 的装置，通过数据总线连接，乘员通过在炮塔内三面内墙上的控制面板和显示屏进行操作，除了自己现在的位置外，就连敌我方的情报、最适合的突击路线和交战区域以及接受补给的地点等信息都可以预先知道，同时，各坦克的位置和情况也会自动传送给后方的司令部。

用 "勒克莱尔" 主战坦克底盘改装的抢救车

"勒克莱尔"主战坦克后视图

"勒克莱尔"主战坦克经典素描

"勒克莱尔"主战坦克越壕宽度显示坦克在堑壕、弹坑密布的战场上的通过性能。"勒克莱尔"虽重54.5吨，但运动起来照样机动灵活，不但能在任何地面上全速运行，甚至可轻松越过1米多高的障碍物，同时能有效地躲避袭击。

"勒克莱尔"坦克的车体和炮塔采用全焊接钢装甲结构，并增加了附加装甲。因此，它可以抵御动能弹和化学能弹的攻击。车体采用了箱形可拆卸式结构以及低矮扁平的炮塔外形，车体和炮塔的大部分均由复合装甲构成。

"勒克莱尔"坦克的防护表面比其他坦克小，可以将每个表面单位的体积增加用防护，在左右30度的正面甲板上，坦克的结构将可以抵抗目前市场上所有的最大口径的长杆弹的攻击。

"勒克莱尔"主战坦克的防护除结构和装甲外，还采取了大量的直接和间接措施来使"勒克莱尔"坦克成为难于被探测到的目标，而且即使被探测到，也难于命中，即使被命中，也可在被命中中生存。

火控系统由组件式热成像摄像机、"阿维莫"HL-58G型激光测距仪和车、炮长稳定式瞄准镜组成。通用电器机械应用公司的HL60陀螺稳定式炮长瞄准镜是火控系统的关键部件，它与火炮有机地连在一起。

坦克的研制历程 法国AMX"勒克莱尔"主战坦克

20世纪70年代初，法国就着手研究新一代坦克，最早提出的是"未来坦克"，并且成立了"未来坦克"研制小组。

1977年，法国陆军分别提出了数种不同的概念。

1986年，正式命名为"勒克莱尔"主战坦克，同年开始样车的生产。

1988年，开始正式工业化生产。

1990年，开始成批生产。

1991年12月，首批坦克交付法国军方。

截止到2004年，法军共装备300辆，原计划装备406辆，后随着法国陆军的改革，装备数量有所减少。2005年年底，装备数量为355辆。

“陆上蛟龙”>>>美国AAV7两栖装甲突击车

主要诸元：

车长→7.94米

车宽→3.27米

车高→3.12米

最大公路行程→482千米

AAV7两栖装甲突击车车体采用5083铝合金装甲全焊接结构，具有对轻武器和炮弹破片的防护能力。车体为全密封结构，外形呈流线型，能在海浪高3米的情况下在近海水面上航行，并且全车能浸入水中10~15秒钟而不会发生危险。

从总体布置上看，驾驶员位于车体前部左侧，有1个向右后开启的单扇舱门和7具周视观察镜，中间的1具可换装为M24型红外夜视仪。车长位于驾驶员的后部，有1个向后开启的舱门和7具周视观察镜。射手位于车体中部右侧，操纵射击12.7毫米机枪，它同样有7个周视观察镜。

动力装置位于车体中线靠前的位置上，为8缸、水冷、涡轮增压柴油机，型号为8V-53T，最大功率为294千瓦（400马力），由底特律公司柴油机分部生产。传动装置为HS400型综合变速箱，带液力变矩器，有4个前进挡和两个倒挡。它同时具有变速、转向和制动功能。

美国海军陆战队装备的AAV7两栖装甲突击车

水上行驶时，依靠车体后部两侧安装的喷水推进器推进。

发动机的动力经变速箱、侧减速器传递到主动轮，推动履带前进。水上航行时，靠装在车体后部两侧的两个喷水推进器来推动航行。发动机的动力经分动箱、驱动轴带动喷水推进器的泵轮旋转，产生高速水流向后喷出，形成向前的推力。喷水推进器为铝制混流式水泵，加上特制的排水喷嘴，可以获得更大的水上推力。其行动装置为扭杆-扭管悬挂装置，每侧有6个双轮缘负重轮，主动轮在前，诱导轮在后，无拖带轮，第1、6负重轮处有液压减震器。履带为单销销耳挂胶式，采用滚道面挂胶和可拆卸的橡胶块。

车底最低处有4个排水泵，其中的两个是电动式，每个排水量为379升/分；另外两个为液压式，每个排水量为435升/分。

在车体的中前部右侧，有1个机枪塔，塔上装有单扇后开舱门，除观察镜外，还有1具瞄准镜，倍率为1倍和8倍。车载武器是1挺M85式12.7毫米机枪。

车体后部为载员舱，25名全副武装的士兵分坐在三排长椅上。中间一排长椅可拆卸，另两排位于两侧，可折叠。载员舱的上方有两个大的矩形舱门。座椅卸下和折叠后，可运载4536千克货物。载员主要通过车体后部的跳板式车门上下车，跳板出现故障时，还可以通过其左侧的应急小门上下车。

AAV7上无三防装置，但有红外夜视仪、导航设备和防寒设备等。

AAV7两栖装甲车突击车俯拍，其车体为全密封结构。

装备情况

1972年，AAV7两栖装甲突击车正式列入美国海军陆战队装备。

1996年年初，共生产了1592辆AAV7及其变型车。美国海军陆战队共装备1153辆AAVP7A1人员输送车、106辆AAVC7A1装甲指挥车和64辆AAVR7A1装甲抢救车。装备AAV7两栖装甲突击车的国家还有亚洲的菲律宾、韩国和泰国，欧洲的意大利和西班牙，南美洲的阿根廷、巴西和委内瑞拉。

神甲奇兵>>>

美国M2型“布雷德利”步兵战车

主要诸元：

车长→（炮向前）6.45米

车宽→3.2米

车高→（至炮塔顶部）2.57米

主要武器→

M242型25毫米链式机关炮

辅助武器→

M240C型7.62毫米并列机枪

美国M2型“布雷德利”步兵战车是美军装备的主要步兵战车。在美苏百万雄兵对峙欧洲的时代，“布雷德利”步兵战车担负着搭载并掩护步兵行动、伴随主战坦克集群进行机动作战的重任。它拥有适度的装甲和完善的三防装置，能让搭载的步兵免受枪弹、破片以及核生化污染的伤害。它装备的25毫米速射炮和7.62毫米并列机枪对付人员的效果相当可怕，能够快速扫清临时构筑的野战工事和城市中并不厚实的墙壁。高达60千米/时的公路速度，使步兵的运动速度甚至可以赶上主战坦克。

“布雷德利”履带式步兵战车车体为铝合金装甲焊接结构。车首前上装甲和顶装甲采用5083铝合金，炮塔前上部和顶部对车首前下装甲均为钢装甲，侧部倾斜装甲采用7039铝合金，车体后部和两侧垂直装甲为间隙装甲。

M2型“布雷德利”步兵战车

M2型“布雷德利”步兵战车搭载着驻伊美军奔赴战场

“布雷德利”步兵战车行进中

“布雷德利”步兵战车面面观

炮塔位于车体中央，稍偏右。炮塔上的武器为1门M242型25毫米机关炮、主炮右侧的1挺M240C型7.62毫米并列机枪，以及炮塔外左侧的1个“陶”式反坦克导弹双管发射装置。车长位于炮塔内右侧，炮长位于左侧。车长和炮长各有1扇向后开启的舱盖。炮长配有1具昼夜两用主瞄准镜和向左观察的1×潜望镜。这具炮长主瞄准镜有一个光学支路延伸到车长位置，车长借此可得到炮长主瞄准镜中获得的影像。车长还配有一组1×潜望镜，用以进行环形观察。另有1具辅助瞄准镜，可在炮长主瞄准镜发生故障时使用。

“布雷德利”几乎成为快速攻防转换、强大反步兵火力以及随时可下车作战的美军步兵班组的代名词。

该车未来的改进计划主要是增强火力，技术途径是增大主炮口径与改进火控系统，以有效应对未来防护性能增强的敌方步兵战车和空中目标。其他改进项目还有热像驾驶仪、导航装置和新式电台等。一旦上述改进项目实现将命名为M2A3型。

该车已经采用和正在试验的变型车有：MLRS多管火箭炮、M2防空车、装35毫米机关炮的步兵战车、装复合材料车体的M2步兵战车、装复合材料炮塔的M2步兵战车。

战车的研制历程 美国M2型“布雷德利”步兵战车

20世纪60年代初，在苏联提出步兵战车的概念并成功研制出世界上第一种步兵战车BMP—1之后，美国也提出了发展步兵战车的要求。

1979年12月，M2型步兵战车投产并很快装备美军部队，该车被命名为“布雷德利”战车，以纪念第二次世界大战中的美国陆军名将奥马·布雷德利。

从20世纪80年代生产至今，“布雷德利”系列步兵战车已生产了近6000辆。

1991年的海湾战争中，“布雷德利”战车表现出色，经受住了沙漠气候的严峻考验。

在2003年“自由伊拉克”行动中，美军由M1A2主战坦克和“布雷德利”步兵战车组成的快速机械化纵队，在几个星期内就冲进巴格达，摧毁了萨达姆政权。

美国 LAV-25 步兵战车

LAV-25 步兵战车

LAV-25 步兵战车的车体和炮塔均为钢装甲焊接结构，装甲厚度为 10 毫米。车体正面可抵御 7.62 毫米机枪弹的攻击，其他部位能防榴弹和炮弹破片的攻击。虽然该车的装甲较薄，但其具有很高的车速，低矮的车身隐蔽性也很好，因而不易被击中。

主要诸元：

车长→*6.39 米*

车宽→*2.50 米*

车高→*2.69 米*

主要武器→*M242 型 25 毫米“大毒蛇”机关炮*

辅助武器→

M60 型 7.62 毫米机枪、

M60 型 7.62 毫米高射机枪、

M2 HB 型 12.7 毫米高射机枪

车首装有防浪板，在水中行进时，靠车体后部的两台喷水推进器推进。

该车采用通用汽车公司的“阿里逊”MT-653DR 液力机械传动装置，有 5 个前进挡和 1 个倒挡。在变挡过程中，这种自动变速机构有着迅速、可靠和平稳，能在负荷下换挡，而且具有换挡冲击小、功率损失少等多种优点。传动装置还可避免车辆在沙漠或沼泽地行驶时频繁换挡。

LAV 步兵战车具有很好的战略机动能力，是一种适合空中部署的车辆。仅用 14 架 C-5A 运输机一次就能把一个轻型装甲步兵营运送到世界各地。C-5A 大型运输机每次可运载 8 辆 LAV 步兵战车，C-17 运输机每次可运载 6 辆，C-141 每次可运载两辆，C-130 每次可运载 1 辆，美国海军陆战队的 CH-53E 运输直升机每次也可吊运 1 辆。

战车的研制历程 美国 LAV-25 步兵战车

1980 年，美国为了满足新组建的快速部署部队的需要，决定发展一种轮式步兵战车，供美国陆军和海军陆战队使用。

1982 年 9 月，美军正式宣布加拿大通用汽车公司柴油机分部的方案中标，并将该公司提供的“食人鱼”轮式装甲车命名为 LAV-25 轮式装甲车。该车实际上是一种轮式步兵战车，系加拿大通用汽车公司柴油机分部根据瑞士莫瓦格公司的特许而生产的。

1983 年 10 月，开始陆续装备美国海军陆战队 422 辆。

1989 年，美国侵略巴拿马期间曾有 LAV-25 步兵战车的身影出现在战场上。

1991 年，海湾战争中，美国海军陆战队装甲步兵营再次参加了战斗，共投入 300 多辆 LAV-25 轮式步兵战车参战。

LAV-25 轮式步兵战车可进行低空伞降着陆，并可在着陆后 12 分钟内立即投入战斗。海湾战争使用证明，LAV-25 轮式步兵战车的机动性非常可靠。

但其不足之处也引起了美军的重视。为了提高 LAV-25 轮式步兵战车的火力和防护力，美军不断对其进行改进：披挂附加装甲、加装防护衬层，以增强对乘员的防护；移植机载“九头蛇”70 毫米 19 管火箭，以增强该车的攻击力。另外还增加了车外油箱、配装了伪装篷布，进一步提高了该车的作战能力。

LAV-25 步兵战车精美海报

“红色猛兽”>>> 俄罗斯 BMP-3 步兵战车

主要诸元：

车长→*6.72 米*
车宽→*3.23 米*
车高→*2.57 米*
车底距地高→*190～510 毫米*
最大速度→
（前进挡）70 千米／时
（倒挡）20 千米／时
水上速度→*10 千米／时*
最大行程→*600 千米*

BMP-3 步兵战车车体和炮塔采用全焊接的铝合金和钢装甲结构。车体前面拥有良好的流线型斜甲板，车体侧面呈垂直结构。驾驶员位于车体前部居中，并为他设置了一个可向右开启的单扇舱门，配有 5 具潜望镜，可观察车体前方和两侧的情况。车体后部装有一台 YTD—29M 型 10 缸柴油发动机。

该车可水陆两用，拥有超强的火力，武器系统全部安装在共用的炮塔上。

该车火控系统包括观瞄仪、用于射击空中和地面目标的瞄准具、复合观察仪、电动双向稳定器等，首次采用了具有光导纤维成像系统的棱镜，该系统确保了武器系统能够在停止和行进间有效地攻击地－空目标。

战车的研制历程 俄罗斯 BMP-3 步兵战车

20 世纪 80 年代初，开始研制。

1986 年，投产。

1990 年 11 月，在红场阅兵式上首次露面。

据估计，截止到 2002 年，该车共生产了 1000 辆以上。1990 财年，该车的单车价格为 80 万美元，1999 财年也只有 80.8 万美元。

标准设备配置包括可向排气口喷射柴油的热烟幕系统、核生化防护系统和车体前端配有挖壕铲刀的自抢救／自挖掘装置。载员室和动力传动室各装有一套灭火抑爆系统。为提高 BMP-3 步兵战车的防护能力，该车还配备了由顶置多向雷达传感器组成的名为“竞技场”（Arena-E）的系统，用于持续扫描入侵弹头。

BMP 系列步兵战车是世界上装备数量最多、装备国家最多的步兵战车，其中尤以 BMP-3 步兵战车的性能最为出众，堪称步兵战车中的“红色猛兽”。

俄罗斯 BTR-80 装甲输送车

BTR-80 是一种 4 轴、8 驱的装甲输送车。

BTR-80 装甲输送车是俄罗斯军队装备较多的轮式装甲输送车。单人炮塔上安装了 14.5 毫米重机枪和 7.62 毫米并列机枪。炮塔内装有昼间瞄准镜 1 个，观察镜 2 个。车上还装有防空导弹发射架、8 支自动步枪、反坦克火箭筒、手榴弹和信号弹。炮塔的后部外侧安装了 6 个烟幕弹发射器。

车体和炮塔装甲可防步兵武器、地雷和炮弹碎片。在核、生、化环境中作战时车体和炮塔可迅速密闭，保证了车内有超压的新鲜空气。

主要诸元：

车长→7.65 米

车宽→2.9 米

车高→2.35 米

车底距地高→470 毫米

最大公路速度→80 千米 / 时

最大水中速度→9 千米 / 时

最大公路行程→600 千米

战车的研制历程 俄罗斯 BTR-80 装甲输送车

1984 年，苏联 BTR-80 装甲输送车装备使用。

1987 年 11 月，BTR-80 装甲输送车在莫斯科红场阅兵式上首次亮相，这是一种 4 轴、8 驱的装甲输送车，由 BTR-70 轮式装甲输送车改进而成。

BTR-80 装甲输送车曾在阿富汗战争中立下汗马功劳，在科索沃战争中，俄罗斯军队就是使用这种运输车抢占科索沃普里什蒂纳机场的。

BTR-80 装甲输送车上的俄罗斯士兵们

车内还装有灭火装置、伪装器材、生活保障装置、排水设备，还另外腾出位置放置了 3 个饮料桶、10 个口粮袋、3 件救生背心、10 个行囊和车辆备用工具及附件。车前装有自救绞盘。

BTR-80 装甲输送车

BTR-80 装甲输送车山地伪装示例

BTR-80 装甲输送车具有很好的机动性、水上行驶能力，亦可空运。水上靠车后单个喷水推进器推进。当通过浪高超过 0.5 米的水障碍时，可竖起通气管不让水流进入发动机内。防沉装置可保证车辆在水中损坏时不会很快下沉。

21世纪新型战车>>>

俄罗斯BTR-90“罗斯托克”装甲输送车

BTR-90“罗斯托克”装甲输送车沿用了其前辈BTR-80的底盘。该型底盘结构牢固，目前以其为基础已成功研制了系列轮式装甲车，包括传统的指挥车、辐射和化学侦察车、装甲维修车以及移动指挥观察所和卫星通信中继站。

BTR-90“罗斯托克”装甲输送车具有密闭的装甲车体，它由优质的焊接钢装甲板加工而成。车体呈流线型，能够可靠地防护轻兵器火力和炮弹碎片的攻击。车体前部上装甲板为整体结构，前下装甲板倾斜角设计合理，大大增强了车辆的防护能力。动力装置位于车辆的后部，战斗室在前，乘员舱在车体的中部。

BTR-90“罗斯托克”装甲输送车可随时蹚过水中障碍，在4个轮胎完全损坏的情况下仍具有战场转移能力。它可运送10名全副武装的士兵，每个步兵乘坐的空间比过去的俄制战车增加了50%，这对外观轮廓没有多少增加的BTR-90“罗斯托克”装甲输送车而言实在是不小的突破。车辆的减震系统得到相当改善。对俄军官兵而言，在路况很差的俄罗斯外高加索地区行驶，这实在是个福音。

主要诸元：

车长→8.05米

车宽→（带裙板）3.1米

车高→（至炮塔顶）3.04米

最大爬坡度→30%

过垂直墙高→0.8米

越壕宽→2.1米

BTR-90“罗斯托克”将成为未来俄罗斯陆军最主要的轮式战车，用于非常规作战。

俄罗斯 BTR-90 装甲输送车的总体作战性能已超过了现役的轻型坦克。

BTR-90“罗斯托克”装甲输送车局部特写

BTR-90“罗斯托克”装甲输送车内有凯夫莱防剥落衬层，并可披挂被动附加装甲。它具有全方位抵御 14.5 毫米机枪弹的防护力，披挂附加轻质陶瓷复合装甲后，能防 RPG-7 反装甲火箭弹攻击。整车造型更加简洁流畅。针对车臣战场上经常遇到地雷袭击事件，车体底部和载员座椅采取了有效防反坦克地雷伤害的措施。

与其前辈相比，BTR-90“罗斯托克”装甲输送车最大特点还在于其强大的武器系统。该车配备的武器有 1 门 30 毫米口径的 2A42 型机关炮、1 具 AGS-17 榴弹发射器、1 套“竞技神”反坦克导弹系统和 1 挺 7.62 毫米机枪。据测试，其总体作战效能已超过了现在的轻型坦克。

战车的研制历程 俄罗斯 BTR-90“罗斯托克”装甲输送车的闪亮登场

在 2004 年 9 月 27 日开幕的第 7 届土耳其国际陆军武器展上，俄罗斯展出的 BTR-90 型新式装甲输送车吸引了众多观众的眼球。该型运输车集中体现了俄罗斯装甲车辆制造业的最好研究成果和理念，堪称 21 世纪的新型战车，目前在全世界尚无同类产品。

烽火雷霆 >>> 俄罗斯BMPT坦克支援车

BMPT坦克支援车2002年在下塔吉尔国际武装展览会上首次亮相，就引起了各方的广泛关注和潜在用户的浓厚兴趣。俄陆军总司令阿列克谢·马斯洛夫此前曾表示，到2010年俄军将装备一个连的坦克支援车，尽管这只是沧海一粟，但毕竟是一种具有革命意义的全新武器装备。军方不但要对BMPT战车进行测试，还将把它们投入到军事行动中，以便找出最好的使用战术，制定出与其他武器，首先是坦克协作的原则，如果需要，将对其武器、装备进行调整。

总之，俄将把它作为主战武器，而不只是可有可无的“坦克伴侣”。这在世界上还属首次。

BMPT拥有最新式坦克T-90的驱动系统，具有良好的越野性能，在无障碍越野路上时速可达60千米，可翻越高达1.5米的路障；其装甲性能与T-90型坦克相仿，但因为车身低于坦克，因此避弹功能较强。

该车最突出的特点就是炮塔上的武器系统的最优化结构、具有超强火力和超过某些现代主战坦克的优异防护性能。

主要诸元：

战斗全重→47吨

乘员→5人

最大速度→65千米/时

作战距离→550千米

车臣战争中的俄罗斯士兵

演习中的BMPT坦克支援车

战车的研制背景 俄罗斯 BMPT 坦克支援车

BMPT“坦克伴侣”的诞生与坦克的发展跟第一次车臣战争的惨痛教训有关。在强攻车臣首府格罗兹尼的战斗中，俄罗斯第131坦克旅约50辆坦克和战车被车臣武装分子击毁，主要原因是装甲车辆在巷战中没有得到持续的火力掩护、没有空中支援、也没有可扫射高楼火力点的战斗支援保障。

BMPT坦克支援车是针对这种状况，在T-72主战坦克的底盘上开发的一种用来支持装甲部队的新型战车。BMPT坦克支援车可以有效对抗反坦克小组、低空飞机和直升机，主要用于协助坦克作战，同时也可以完成维和与反恐等军事任务。

BMPT“坦克伴侣”的诞生与坦克的发展跟第一次车臣战争的惨痛教训有关。

火力系统包括由2A42型30毫米自动化火炮、新一代“帘子线”7.62毫米机枪以及穿透力超强的“强攻-S”型反坦克导弹系统构成的固定武器系统，和由两名操纵员控制，可保障摧毁1000~1200米距离内的各种目标的AG-17D型自动化榴弹发射器的随车军械。

以俄罗斯T-72为底盘的BMPT支援车

BMPT坦克支援车火力强大，绰号“死亡联合收割机”。

德国“黄鼠狼”步兵战车

“黄鼠狼”步兵战车是西方国家军队中最早装备的步兵战车。它也是一种很有特色的步兵战车，最突出的一点，它是世界上最重的步兵战车之一，也是世界上装甲最厚的步兵战车，比后来装备部队的美国 M2、英国“武士”、日本 89 式、俄罗斯 BMP-3 和瑞典 CV90 等步兵战车都要重。

车体和炮塔高度较高，主要是考虑欧洲人高大、强调乘坐舒适的结果，这和苏 / 俄制步兵战车过分强调外形低矮，形成鲜明对比。

“黄鼠狼”步兵战车车体为装甲钢全焊接结构，车内由前至后分为发动机室（右）—驾驶室（左）部分、战斗部分（炮塔吊篮和载员室）。

主要诸元：

车长→ *（炮向前）6.79~6.88 米*

车宽→ *（带裙板）3.24~3.38 米*

车高→ *（至炮塔顶）2.99~3.02 米*

主要武器→

Rh202 型 20 毫米机关炮

辅助武器→

MG3 型 7.62 毫米并列机枪、7.62 毫米遥控机枪

炮塔位于车体中部，该炮塔为双人旋转炮塔。车长在右，炮长在左。炮塔上部装有 1 挺机枪和 1 门机关炮，以及机枪装弹机和机关炮装弹机；中部有机枪弹箱、机关炮弹药箱以及弹链输弹机构；下部右侧有车长座，左侧有炮手座。乘员与武器之间是密封隔绝的，以防止射击时产生的火药气体进入乘员舱内。

火控装置布置在炮塔中央，既可供炮手又可供车长操作。它包括火炮瞄准装置、武器遥控装置和观瞄装置。炮塔上有 6 具大潜望镜，其中炮手侧面 3 具，车长后部 3 具。5 具小潜望镜位于车长门前，构成一个半圆形的观察扇面。炮塔顶部装有红外 / 白光探照灯和烟幕施放装置。

“黄鼠狼”A5 步兵战车

(上) “黄鼠狼”步兵战车抢滩登陆
(中) “黄鼠狼”A3 步兵战车
(下) 德军装备的“黄鼠狼”步兵战车

“黄鼠狼”步兵战车为能协同“豹”式主战坦克作战，采用与轻型坦克相同的装甲防护。其车体由钢装甲板焊接而成，前甲板厚 30 毫米，可防 20 毫米小口径炮弹，其余部分可防步兵轻武器和炮弹破片。车体两侧装有裙板，对车体和行动部分增强了防护能力，特别是能够防空心装药破甲弹。该车有 1 个较大的尾门，载员可迅速安全地下车投入战斗。

该车通常不能水陆两用，借助装在车体两侧和车首倾斜装甲板上的浮囊可以浮渡。在发动机进气口上安装进气筒后，潜水深度可达 2 米。

“黄鼠狼”有一个庞大的家族，除有 A1、A1A、A2、A3 四种改进型外，还有 10 多种变型车。

以动物命名的装甲战车

德国人喜欢以动物来命名装甲战车，尤其喜欢以凶猛的动物命名。早在第二次世界大战期间，德国人就研制出“黑豹”战斗坦克、“虎”式重型坦克。第二次世界大战之后，德国人先后研制出世界知名的“豹”1、“豹”2 主战坦克。在这个“动物园”里，还有一个很有名的成员，它就是“黄鼠狼”步兵战车。

战车的研制历程 德国“黄鼠狼”步兵战车

早在第二次世界大战末期，联邦德国就创建了装甲步兵，并发展了一种独特的战术。这种战术思想认为，装甲步兵必须乘坐专用的战斗车辆，在行进间的车辆内进行战斗，提高推进速度，有效地配合坦克作战，完成战场上的各项任务。

“黄鼠狼”步兵战车于 1971 年 5 月正式列入联邦陆军装备，用以替换老式的 HS-30 和 M113 装甲输送车。共装备“黄鼠狼”步兵战车 2136 辆。

德国双头怪>>>“山猫”装甲侦察车

“山猫”装甲侦察车车体为钢板和铸造壳体焊接结构，车内分为4个部分：前、后驾驶部分、战斗部分和动力部分。前驾驶室位于车辆左前方，顶部有一窗盖，窗盖前面有3具潜望镜。后驾驶室在车辆左后方，也有一个顶窗盖和3具潜望镜。驾驶员座椅、方向盘和操纵装置安装在一个升降机构上，可根据开窗或闭窗驾驶的需要进行升降。为保证驾驶员在升座和降座驾驶时能通过潜望镜观察道路情况，并能赋予机关炮大的仰角，车体前、后顶部均设计成倾斜式的。

该车采用莱茵金属公司的TS–7型炮塔，它位于车体中前部，为间隙装甲焊接结构，其上装有1门20毫米机关炮及弹舱、输弹机和抛壳装置，武器部分与乘员间用气密隔板隔开。车长在炮塔内左侧，炮长在右侧，各有1扇向后开启的顶舱门。为便于车长观察，指挥塔门比炮塔顶高80毫米。炮长门四周，从瞄准镜起向右，分布有5具观察潜望镜。车长门四周有1具潜望瞄准镜和7具观察潜望镜。

主要诸元：

车长→7.74米

车宽→（不带裙板）2.98米

车高→（至车体顶）2.13米

（至机枪）2.91米

最大行程→730千米

主要武器→

Rh202型20毫米机关炮

辅助武器→

MG3型7.62毫米机枪

“山猫”装甲侦察车机动训练

车内实行隔舱化，动力传动部分与战斗部分间分别用气密隔板隔开，以加强对乘员的防护。此外，车轮间安装填充有泡沫密封剂的浮箱，加强了对车体侧面的防护。车内装有三防系统，可将经滤清的空气输送至战斗室中形成超压，以阻止未滤清空气进入。炮塔两侧各有 4 具烟幕掷弹筒。

火控装置包括方向分划盘、方位角传感器和高低角传感器。这些仪器用于指示炮塔，相对于车体的方位角和机关炮的高低角，也可用来装定这两个角度，并且可以起车廓限制和射角限制的作用。

该车采用整轴结构和螺旋弹簧悬挂，各轮装有液压减震器，各轴的悬挂可互换，后车轮紧靠车体，便于超越垂直障碍。

"山猫"装甲侦察车在泥泞中前行。

装甲侦察车

装有侦察设备的装甲战斗车辆。主要用于实施战术侦察。分履带式和轮式两种。现代装甲侦察车装有多种侦察仪器和设备。装甲侦察车的外廓尺寸小、重量轻、速度快。战斗全重 6~16 吨，个别的可达 19.5 吨，乘员 3~5 人。通常，车上装有 20~30 毫米机关炮以及 7.62 毫米机枪，有些车装有 76~105 毫米火炮或 14.5 毫米机枪。

战车的研制历程 "山猫"装甲侦察车

1964 年，联邦德国国防部在通用化思想的指导下提出研制供 20 世纪 70 年代使用的新一代轮式军用车辆系列的要求。

1971 年 1 月，戴姆勒·奔驰公司的样车获得定型投产的资格，并命名为"山猫"。

1973 年 12 月，联邦政府与莱茵金属公司（即现在的蒂森·亨舍尔公司）签订了价值 3 亿德国马克的合同，购置 408 辆"山猫"装甲侦察车。

1975 年 5 月，开始生产。

1978 年，结束。

1982 年，宣布为"山猫"采购 423 套热像仪（1984 年 63 套、1985 年、1986 年和 1987 年各 120 套），并取消炮塔左侧的红外探照灯。改进后的车型称为"山猫"A2。

一枝独秀 >>> “非洲狐”装甲侦察车

“非洲狐”装甲侦察车的车体为全焊接铝装甲结构，是一种 4×4 全轮驱动的轻型装甲车。车上配备 3 名乘员：车长、观察员和驾驶员。驾驶员位于车体内非常靠前的中央位置，宽大的前挡风玻璃及左右侧窗，为驾驶员提供了超过 180 度的广阔视野。车载抢救绞盘的控制系统也安装在驾驶员位置上。两名乘员分别坐在车体中部全自动传动装置的两侧，左侧是车长，右侧是无线电话务员兼观察员。

车长和无线电操作 / 观察员的座椅高度可通过电机进行调节。无线电操作员的座椅能够 360 度转动，车长座椅能够左右转动 45 度。车长位置和观察员兼无线电操作员位置的主要设备有：观测及侦察设备、车辆通信设备、电动或机械控制武器支架及 HF/VHF 电台。3 名乘员在车内最长可以连续独立工作 5 天。车内可以容纳 1500 千克的装备和补给品。

主要诸元：

车长→*5.58 米*

车宽→*2.55 米*

车高→ *（车全高） 2.29 米*
（至车顶） 1.79 米

车底距地高→*405 毫米*

主要武器→

HK40 毫米自动榴弹发射器、FH “赫斯塔尔” 12.7 毫米机枪

辅助武器→*7.62 毫米机枪*

炮塔特写

“非洲狐”在世界轻型装甲侦察车中可谓一枝独秀。

“非洲狐”的先进侦察系统在当今世界轻型装甲侦察车中可谓一枝独秀。车上装有1具以现役PERIZ17潜望式瞄准镜为基础发展而成的潜望式瞄准镜。此外，还有1具热像仪、1台CCD昼间摄像机及1台激光测距仪。这些观测设备被封装在一个被称为BAA的探测器头内，探测器头安装在德国格罗公司生产的伸缩式桅杆上，最高可升至车顶之上约1.5米处，进行昼夜周视观察。彩色CCD摄像机还连接有1台加固型12英寸TFT彩色显示器，以方便乘员观察和控制。

该车采用伦克公司生产的全自动RECO606型传动装置，它是一种“H”型传动系统，而不是常规的“I”型动力传动系统。“H”型动力传动系统可以使乘员坐在动力传动系统的旁边，因而可以坐得更低。而绝大多数轮式车辆的乘员，则是坐在动力传动系统的上方。

该车的标准设备是四轮驱动和限滑差速器，驱动系统有前轮驱动、后轮驱动及全轮驱动三种模式可供选择。在采用了法国制造的Syegon轮胎压力控制系统（中央轮胎压力调节系统）后，该车的机动性又得到了进一步提高。

在“非洲狐”侦察车的顶部后方安装有新一代烟幕弹发射器，左右各有一组，每组3具发射器，发射的烟幕弹可以形成可见的和/或红外的烟幕屏障。

战车的研制历程 “非洲狐”装甲侦察车

“非洲狐”装甲侦察车，源自20世纪80年代德国陆军对轻型装甲侦察车的需求。德国陆军要求轻型装甲侦察车具有比“山猫”式侦察车更低的外形和更高的机动能力。

2003年7月2日，德国与荷兰共同研制的首批“非洲狐”装甲侦察车交付荷兰皇家军队。随后于年底向德国陆军交付。2003年秋季，航天航空公司还向联邦国防军交付了首批2辆（总共4辆）带炮兵观察设备的“非洲狐”装甲侦察车，以供炮兵前沿观察员使用。

德国、荷兰合制“非洲狐”装甲侦察车。

“非洲狐”装甲侦察车在外形和机动能力上都比“山猫”装甲侦察车有较大改进。

荷、德联合打造的明日之星>>>

“拳击手”多用途装甲车

“拳击手”多用途装甲车采用先进的模块化设计理念。所有“拳击手”车辆使用完全相同的制式驱动模块，如车辆的驾驶、驱动和行动部分；不同的专用任务模块安装在制式驱动模块上，就组成了可以执行不同作战任务的“拳击手”变型车。

任务模块的安装简便，在战场环境下，安装时间不超过1小时。通用的制式驱动模块减少了后勤压力，提高了保养和维修的速度，增强了部队的持续作战能力。专用任务模块保证了作战部队可执行作战任务的多样性与灵活性。同时，客户可以根据自身需要选用，甚至研制各种其他专用任务模块。

“拳击手”车体为多层高强度钢制结构，外部安装有模块化装甲。车底和侧部可以抵御反坦克地雷的攻击。全车可在360度范围内防护各种炮弹破片和重机枪枪弹的攻击。前部装甲可以防御中口径机关炮和RPG–7火箭弹的攻击。

该车采用全轮驱动、现代化的独立悬挂装置、高性能动力组件和全自动变速箱，在公路上有较好的机动能力和极佳的越野能力，能够在各种复杂路况和恶劣天气条件下圆满完成作战任务。

主要诸元：

车宽→（带裙板）2.99米
车高→（至炮塔顶）2.37米
车底距地高→540毫米
主要武器→12.7毫米机枪

德军士兵与“拳击手”装甲车配合训练。

“拳击手”救护车

“拳击手”装甲车内具有优化的人－机环境，在增加装甲车持久作战能力和快速战斗能力的同时，减小了车内乘员的物理负担。车内安装了制式的空调和三防系统。乘员座椅在减小地雷爆炸的冲击和降低乘员受伤的风险的同时，还能有效缓解乘员疲劳。

“拳击手”目前还处于试验阶段，其主要武器暂定为 1 挺 12.7 毫米机枪，机枪安装在可 360 度旋转的车长指挥塔顶部。车长位置和武器操作位置将安装热成像仪和战斗管理显示屏。当然，根据用户的要求，“拳击手”在未来也有可能选用中口径机关炮，或其他各式武器，甚至是 105 毫米无后坐力炮。“拳击手”通过 C3I 控制系统和网络联通，可以进行实时信息互换，战斗管理显示屏可随时显示敌军和友军的位置，具备网络化作战能力。

“拳击手”多用途装甲车将倚赖其自身的优势，在世界先进装甲车的行列中占有一席之地。

“拳击手”多用途装甲车侧视图

战车的研制历程 “拳击手”多用途装甲车

“拳击手”计划的主合同商是总部位于德国慕尼黑的装甲车辆技术协会。该协会由英国阿尔维斯·维克斯公司、荷兰斯托克公司、德国克劳斯·玛菲－韦格曼公司和莱茵金属地面系统公司组成。根据“拳击手”计划，德国负责柴油机箱、动力传动装置和电力系统的研制；英国负责底盘和任务模块的研制；荷兰负责其他子系统的研制。

2003 年 7 月，英国因陆军变更装备计划宣布退出“拳击手”计划，但并未因此影响此研制工作。

2003 年 10 月，荷兰制造的第一辆“拳击手”装甲车（指挥车）下线，标志着“拳击手”计划进入了一个崭新阶段。

荷、德联手打造的明日之星——“拳击手”多用途装甲车

德意志信息化时代陆战新猛兽>>>

“美洲狮”步兵战车

德国“美洲狮”步兵战车

“美洲狮”步兵战车的总体布局仍采用传统的方式，驾驶员位于车体内左前方，动力传动装置位于右前方。车体采用无焊接薄装甲板制成，配有可更换的防护部件，制造成本低。为了优化战斗室，无吊篮的炮塔不对称地安装在车顶靠左的位置。炮塔结构小而轻，炮塔内无乘员，车长和炮长均位于车体内。炮塔顶部中央装有可旋转360度的光学装置，供乘员使用。炮塔右部装有主要武器和辅助武器。

“美洲狮”步兵战车采用MTU公司生产的世界上结构最紧凑、重量最轻的MT-902V-10型高功率密度型柴油发动机。

主要诸元：

车长→*7.27米*

车宽→*3.71米*

车高→*3.05米*

主要武器→*Mk 30-2 ABM型30毫米双弹链供弹机关炮*

辅助武器→*7.62毫米机枪、MG4型5.56毫米并列机枪*

德国新型“美洲狮”步兵战车将是“豹”2主战坦克最强有力的作战伙伴。

德国陆军即将装备最新型“美洲狮”步兵战车。

战车的研制历程 "美洲狮"步兵战车

2002年8月，德国国防部做出决定，着手研制一种新型步兵战车。

2002年9月12日，德国联邦国防预算委员会批准了这一决定。

2002年9月20日，德国联邦国防技术与采购局与项目系统管理联合公司（PSM）签订了"美洲狮"新型步兵战车设计阶段的合同。

2005年12月，首辆样车完成。

2006年，完成20台预生产车辆，并进行必要的部队试验。

2008年，开始批量生产。

2012年之前，将完成首批订购的390辆车的交付工作。

装甲防护有两种级别，即基本级A级，战斗全重31.45吨，可用A–400M运输机空运。其装甲组件可抵御14.5毫米弹药的攻击。地雷防护组件可以抵御10千克的地雷。最高防护级别是C级，车体侧面和炮塔都加装附加模块。C级防护时的战斗全重约41吨，可抵御集束炸弹子弹药等攻顶武器对车辆顶部的攻击。

"美洲狮"步兵战车装有陆军指挥信息系统，为在未来战场上实现互联互通能力奠定了基础。由于采用与车辆设计结构相匹配的数据总线技术，使采用与系统集成的镶嵌式训练模拟系统成为可能。该训练模拟系统利用计算机和专门软件生成未来的战场景象，并模拟系统误差。除此之外，还能模拟各种地形构造。

该车首次实现了带液气悬挂元件的退耦式行动装置，从而减小了噪声和振动，使乘员可较长时间随车行动。车辆每侧有5个负重轮，并有液压终端限制器，迪尔系列轻型履带宽500毫米。

目前，德国已经开始研发对步兵战车的改进，包括战场内敌我识别、指挥控制、通信和情报系统以及德国未来士兵系统等方面。

德国最新型"美洲狮"步兵战车对外展示。

韩国自行研制的新一代 KIFV 步兵战车

KIFV 步兵战车是在 AIFV 装甲步兵战车基础上发展起来的，但较 AIFV 有许多改进，特别是在机动性方面。在研制过程中，KIFV 步兵战车采用了其他国家的一些部件，诸如英国阿尔步板材有限公司的铝装甲、联邦德国 MAN 公司的柴油机、英国自动变速箱公司的 t–300 液力机械传动。

该车车体由前至后分为驾驶–动力传动部分和载员部分。驾驶员的位置位于车体内左前方，有 1 扇向右开启的单扇舱门，其前面和两侧安装了 4 具 M27 型潜望镜。为了便于夜间驾驶，中间的 1 具可换成被动式夜间驾驶仪。

主要诸元：

车长→*5.49 米*

车宽→ *（带裙板） 2.85 米*

车高→ *（至车体顶） 1.93 米*

（至机枪） 2.52 米

主要武器→

M2HB 型 12.7 毫米机枪

辅助武器→*M60 型 7.62 毫米机枪*

战车的研制历程 韩国自行研制的新一代 KIFV 步兵战车

1970 年，美国 FMC 公司在 M113A1 装甲输送车基础上试制成功 AIFV 装甲步兵战车。

1980 年后，韩国陆军决定利用 AIFV 研制 KIFV，设计和制造工作由韩国大宇重工业公司特种产品部承担，并引进了英国、德国、美国等国技术。

1985 年，开始批量生产并正式列入韩国陆军装备。该车有时又被称为 K200 型步兵战车。

1994 年，韩国大宇重工业公司在该车的基础上进行了改进，并将其命名为 K200A1 型。

2003 年，KIFV 步兵战车及其变型车的总产量超过了 2000 辆。

KIFV 步兵战车静态展示

M113A1 装甲输送车

车长位于驾驶员的后方，有 1 扇向后开启的舱盖，有 4 具 M17 型昼用潜望镜和 1 具 M20A1 型双倍率潜望镜（1×和 6×）。后者可换成被动式夜视潜望镜。车上配有 1 挺 M60 型 7.62 毫米机枪。机枪射手位于车长右侧。发动机和传动装置位于车体前部驾驶员右侧。

指挥塔位于车长的右侧，可以旋转 360 度，安装有 1 挺销轴支承的 M2HB 型 12.7 毫米机枪，在机枪的四周，装有装甲防护板。

车体为铝装甲焊接结构，外面有用螺栓固定的间隙夹层装甲，夹层装甲中的泡沫填充物增加了车辆在水中的浮力。车体前甲板上安装有防浪板，防浪板上方有一排 6 具烟幕弹发射器，昼夜驾驶灯位于发射器两侧。

载员舱位于车体后部，内有 9 名步兵的座椅。载员舱两侧装甲板上各有两个射孔，射孔上方均有观察镜。载员舱后面有 1 个供人员出入的动力操纵跳板式舱门，上面有两个射孔，左侧还有 1 扇小门。载员舱顶甲板上有 1 个舱盖。

KIFV 的防护能力明显优于其基型车——美国的 M113A1 装甲输送车。该车在铝装甲外加装了间隙式夹层装甲，加强了防护，但增重并不多，具备抗机枪弹、炮弹破片和普通反坦克火箭弹攻击的能力。指挥塔的前面、两侧及后面均有装甲护板。载员从车体后舱门出入，提高了安全性。

演习中的 KIFV 步兵战车。KIFV 的变型车有以下几种：迫击炮车、20 毫米自行高炮、抢救车、三防侦察车、指挥车、坦克歼击车。

王者风范>>>

意大利“半人马座”坦克歼击车

车体和炮塔采用全焊接钢装甲结构，为乘员提供了防轻兵器和炮弹破片的能力。车体前弧范围内的装甲可抵御 20 毫米炮弹的攻击；车体全周可抵御 12.7 毫米枪弹的攻击。为提高战场生存力，车上还可安装附加装甲组件，这样，该车的最大战斗全重增至 28 吨。

在炮塔尾舱内装有三防装置，可为乘员提供净化的空气，该装置与安装在“公羊”主战坦克上的相同，为超压集体式，乘员无须佩带防毒面具。车上还安装有一体式空调系统，这样在环境温度为 –30 ~ +44 摄氏度时，车内可保持舒适的温度，以提高作战效率。

“半人马座”坦克歼击车能遂行反坦克作战任务，主要武器采用 1 门由奥托·梅莱拉联合公司生产的 105 毫米线膛炮，身管长 52 倍口径。火炮采用低后坐力技术，以及同心式液压反后坐装置和液气复进机，后座长度为 750 毫米，后坐力为 137 千牛。该火炮具有与标准的 105 毫米坦克炮相同的弹道特性。

战车的研制历程 意大利“半人马座”坦克歼击车

1987 年 1 月，“半人马座”坦克歼击车首辆样车制成。

1987 年年中，第二辆样车制成。

1987 年 12 月，共有 4 辆样车参加了试验。

1988 年，第五至第九辆样车完成。

1989 年 4 月，生产出首批 10 辆预生产型车。

1990 年年底，开始批量生产。

1991 年，首辆生产型车完成。该车装备于意大利、波黑、西班牙等国家。

主要诸元：

车长→*7.93 米*

车宽→*3.28 米*

车高→*2.87 米*

最大速度→*105 千米／时*

最大行程→*800 千米*

涉水深→*1.5 米*

“半人马座”坦克歼击车能遂行反坦克作战任务，主要武器采用 1 门由奥托·梅莱拉联合公司生产的 105 毫米线膛炮。

颇具王者风范的意大利陆军“半人马座”坦克歼击车

炮塔的水平旋转和火炮的俯仰采用电液驱动，紧急情况下也可手动操作。车长位于炮塔内左侧，炮长位于右侧，装填手位于炮长后面。车长和装填手都有舱门，在紧急情况下，可从车体底部的安全门下车。炮塔顶部中央向上凸出，以使火炮俯角增大。火炮的方向射界为360度，高低射界为 -6～+15 度。

“半人马座”坦克歼击车在研制时就考虑了发展一个车族的计划，这个车族包括近战防御班组车、步兵战车、装甲输送车、三防侦察车、自行高炮、自行榴弹炮、装甲抢救车、装甲架桥车等。

威猛撼人的“半人马座”编队

新型火力支援装甲车>>>

奥地利“游骑兵”轮式装甲车

“游骑兵”的基型车为 6×6 装甲输送车。该车车体采用焊接钢甲板结构，外形低矮，有良好的防护能力，是 20 世纪 90 年代 12 吨级别轮式装甲车辆中唯一不需要附加装甲就能够提供全方位 7.62 毫米穿甲弹防护能力的车型。车体前部 30 度区域内可防 12.7 毫米穿甲弹的攻击，安装附加装甲后，车体正面可防 14.5 毫米穿甲弹的攻击。其他防护措施包括降低车辆的热特征和噪声级、涂装保护迷彩等。该车还可以选装三防系统、自动灭火抑爆装置、防地雷加强底装甲。

“游骑兵”轮式装甲车的外形简练、车体内部布置紧凑、载员室空间相对较大，既利于乘坐较多的载员、提供较舒适的车内环境，又保持了其较小的外廓尺寸，改型装甲车可通过 C-130、C-160、AN-12 运输机空运。基型车不具备水上机动性，但是有一种加长车体的两栖变型车。

该车的主要武器为 1 挺装在车顶枪塔内的 M2HB 型 12.7 毫米重型机枪，高低射界 -10 ~ +50 度，方向射界 360 度，弹药基数 1800 发，其中待发弹 100 发。此外，还可以换装 1 挺 7.62 毫米 MG3 机枪或 1 具 40 毫米榴弹发射器。

主要诸元：

车宽→2.50 米
车高→（至车顶高）2.05 米
车底距地高→430 毫米
公路时速→110 千米／时
公路行程→650 千米
越壕宽→1.2 米
涉水深→1.2 米

水陆两栖型“游骑兵”轮式装甲车

另外，在车体右前部布置有两组3具烟幕弹发射器。

“游骑兵”是一个庞大的车族，有众多的变型车，包括装甲救护车、装甲抢救车、两栖型装甲输送车、装甲侦察车、火力支援车等。

“游骑兵”Ⅱ轮式装甲车的防雷座椅

战车的研制历程 奥地利“游骑兵”轮式装甲车

1979年，开始研制6×6轮式装甲车。

1984年，生产出第一辆样车。

1985年，公开展出。

1986年，完成第一批6辆预生产型车，并定名为“游骑兵”。

1995年，“游骑兵”迎来了来自奥地利军方的首批订单，共订购了68辆。

“游骑兵”Ⅱ8×8轮式装甲车静态展示

亚瑟王的新神剑>>>英国“武士”步兵战车

在总体布置上，“武士”步兵战车的最大特点是取消了射击孔。在近年来新设计的步兵战车中，有减少射击孔的趋势。在这一点上英国人倒是有先见之明。其载员以下车作战为主，车上的机关炮起火力支援作用。有的军事家认为，“武士”步兵战车是一种“强化型的战场 TAXI”。这一观点尽管偏激，但也有一些道理。

主要诸元：

车长→（炮向前）6.34 米

车宽→（带裙板）3.03 米

车高→（至车体顶）1.93 米
（至炮塔顶）2.74 米

车底距地高→490 毫米

主要武器→

1 门 L21 型 30 毫米“拉登”炮

辅助武器→

1 挺“休斯”直升机公司的 EX-34 式 7.62 毫米链式机枪

机动训练中的“武士”步兵战车

“拉登”炮结构紧凑，火炮全长 3.15 米，车内长度仅 43 毫米，重量为 100 千克。6 发炮弹分装在两个各能存放 3 发炮弹的弹夹中。通常火炮只单发射击，需要时，也可 6 发连射。火炮射速 80～90 发 / 分，最大射程 4000 米，有效射程 1000 米。废弹壳可抛出炮塔外。火炮高低瞄准由人工操纵，方向瞄准由炮塔电动机转动或手操纵控制。

“武士”步兵战车车体为铝合金装甲全焊接结构，炮塔上还采用“乔巴姆”复合装甲，它的装甲防护性能优于其他步兵战车。该车炮塔外部两侧各装有 4 具烟幕弹发射装置。三防装置装于驾驶员位置左后侧。此外，该车将油箱布置在车体内炮塔吊篮的下方，减少了因中弹而起火的危险性。

海湾战争和伊拉克战争期间，参战的“武士”步兵战车在车首及两侧都加装了附加装甲，提高了对破甲弹和反坦克导弹的防护能力。载员室装有集体式三防装置。动力舱有自动灭火装置，有两个哈龙灭火瓶，另有 5 个手提式灭火器。炮塔两侧各有 4 具烟幕弹发射器。

“武士”家族“车丁兴旺”，细数下来有各种变型车和改进型车不下 20 种。有“武士”通用车、“武士”装甲侦察车、多管火箭炮系统、自行迫击炮、防空导弹发射车、装 105 毫米火炮的“武士”战车、带扫雷装置的“武士”步兵战车、装“陶”式导弹的反坦克导弹发射车和“武士”布雷车等。其中，“沙漠武士”步兵战车和“武士”2000 型步兵战车最为著名。

战车的研制历程 英国“武士”步兵战车

1984 年 11 月，“武士”步兵战车被正式列入英国陆军装备。

1987 年，装备英国陆军机械化步兵营，每营装备 45 辆。英国陆军原计划订购 1053 辆“武士”步兵战车，但是，随着英国陆军规模的缩减，现已减少到 789 辆。

1995 年，交付完毕。

1993 年 8 月，科威特订购了 254 辆“沙漠武士”战车。

英国“武士”步兵战车

欧陆铁甲轻骑兵>>>

瑞典 CV90 履带式装甲战车族

该车车体采用钢装甲焊接结构。驾驶员位于车体内前部左侧，其上方有 1 扇舱门，前方有 3 具潜望镜。夜间驾驶时，可将中间的一具潜望镜换成微光夜视仪。

动力传动装置位于车体内前部右侧，首上甲板处有一个检查窗。散热器位于车体后部右侧。三防系统和蓄电池位于车体左侧，冷却系统位于车体右侧。

炮塔位于车体中部，略向左偏移 200 毫米。车长居左，其指挥塔上装有便于环形观察的潜望镜和 1 具 M371 型瞄准镜；炮长居右，载员舱位于车体后部，可容纳 8 名步兵。舱顶部有 5 扇舱门，3 扇向左开启，2 扇向右开启。开启时，步兵可站立用步兵武器向外射击。

战车的研制历程 瑞典 CV90 履带式装甲战车族

1978 年，瑞典决定研制一种供本国部队在 90 年代使用的新型履带式装甲战车车族，这就是 CV90 车族。

1985 年 7 月，瑞典军方与 HB·乌特维克林公司签订价值 2 亿瑞典克郎的合同，合同包括设计、研制和生产 5 台样车，其中 4 台样车装 40 毫米炮，1 台装 25 毫米炮。

1988 年 10 月，交付首台 CV9040 步兵战车样车。

1993 年，装备瑞典陆军。该车族主要装备瑞典陆军的装甲机械化部队（机械化步兵营），用于对付空降的轻型装甲车辆、武装直升机和近距离空中支援飞机等。

1995 年 4 月，除瑞典外，挪威陆军也订购了该车族中的 CV9030 型步兵战车。

CV9040 装甲战车顶部可安置 RBS56“比尔”攻顶式反坦克导弹。

主要诸元：

车长→*6.4 米*

车宽→*3.1 米*

车高→*2.5 米*

主要武器→

1 挺博福斯公司的 40/70B 型 40 毫米机关炮

辅助武器→

1 挺 M-39 型 7.62 毫米并列机枪

瑞典士兵与他们的 CV90 装甲战车

该车装有科尔斯曼公司的火控计算机。炮塔的方向旋转和武器的高低俯仰均为电驱动，紧急情况下也可手动。车长指挥塔上装有 6 具潜望镜，用于进行环形观察，中间的 1 具潜望镜装有雨刷和装甲护板，需要时可换成增强型瞄准系统。

该车族主要装备瑞典陆军的装甲机械化部队（机械化步兵营），用于对付空降的轻型装甲车辆、武装直升机和近距离空中支援飞机等。除瑞典外，该步兵战车还装备了芬兰、荷兰、挪威和瑞士等国家。

风驰电掣的 CV90 装甲战车

“东瀛轻骑”>>>日本89式步兵战车

日本90式主战坦克是目前世界上最先进的坦克之一，在多次的世界先进坦克排行榜上一直名列前三名。89式步兵战车也属于当今世界最先进的步兵战车，96式轮式装甲车具有优良的机动能力。日本装甲战车之所以能跻身于世界先进行列，主要是由于日本的科学技术迅速发展和局部战争的影响。

89式步兵战车车体为铝合金焊接结构。双人炮塔前面装有1门自动机关炮和1挺并列机枪，两侧各安装1具反坦克导弹发射架和3具烟幕弹发射器。载员舱两侧各有3个球形射击孔。机关炮的射速为200发/分，导弹用激光制导。夜间观瞄仪器采用微光电视。发动机为水冷增压柴油机。行动装置采用扭杆式悬挂装置。炮塔采用夹层装甲，车体两侧装有5毫米厚的侧裙板。车内配备三防装置。该车不具备浮渡能力。这是其与世界同类战车相比不足的地方。

主要诸元：

车长→（炮向后）6.8米
车宽→（带裙板）3.2米
（无裙板）3.1米
车高→（至车体顶）1.65米
（至炮塔顶）2.43米
（至机枪）2.67米
最大速度→70千米/时
加速时间→
（0～32千米/时）21秒
最大行程→300千米
最大爬坡度→31%

日本89式步兵战车

89 式步兵战车 KDE35 毫米机关炮，射速为 200 发/分，据说火力性能比美国“布雷德利”、德国“黄鼠狼”和英国“武士”步兵战车都强。

89 式步兵战车采用先进的火控系统，具有较强大的火力。主炮可对付空中目标和压制地面目标。89 式步兵战车采用的主要武器是瑞士厄利肯公司制造的 KDE 35 毫米机关炮，与日本陆上自卫队 87 式自行高炮、L90 牵引式高炮使用的 KDA35 毫米机关炮基本相同。该车的火控系统主要包括瞄准镜、测距仪、炮塔驱动机构和控制装置等。

该车具有良好的防弹外形，与 M2、“武士”、“黄鼠狼”2 等西方新型步兵战车不同的是，其车体两侧各设有 3 个球形射击孔。车体侧面上部采用了倾斜装甲板，提高了防弹效能。

它是世界上最贵的步兵战车，每辆高达 486 万美元，比美国的 M1A2 坦克还贵，主要作用是和 90 式主战坦克协同行动。

89 式步兵战车侧视图

枪械的研制历程 日本 89 式步兵战车

1980—1982 年，技术研制工作开始。

1984 年，三菱重工业公司试制了两辆样车。

1986—1987 年，在东富士、九州等地对试制样车进行了技术和使用试验。

1989 年，定型为 89 式步兵战车。

1990 年，开始装备部队。

89 式步兵战车前视图

89 式步兵战车模型

轻捷而凶猛的南非"大山猫"105型装甲侦察车

"大山猫"105型装甲侦察车驱动方式为8×8。驾驶员位于车体前部，车长位于炮塔内右侧，炮长位于车长位置前下方，装填手位于炮塔内左侧。装填手有一个向后开启的单扇舱门，并配有两具昼用潜望镜。可依需要安装中央轮胎压力调节系统。动力室位于车体后部。

"大山猫"105型装甲侦察车的车体及炮塔全部用装甲板焊接而成，车首可防护南非广泛采用的地面防御和防空兵器——俄制3 y -23轻型高射机枪发射的23毫米穿甲弹。车体具有良好的反坦克地雷的防护能力。为保护乘员免遭核生化威胁，该车配备了带过滤器的集体超压系统，该系统与可为每个乘员提供冷气的16千瓦空调系统安装在一起。炮塔两侧各装有一组4具81毫米烟幕弹发射器，该车还可施放热烟幕。在车体两侧，第2桥和第3桥之间各有一个紧急舱口。

主要诸元：

车长→7.1米

车宽→2.9米

最大速度→120千米/时

最大越野速度→60千米/时

最大行程→1000千米

涉水深→1.5米

南非"大山猫"105型装甲侦察车

“大山猫”105 装甲车安装有 3 种火控系统，即初、中、高级火控系统。“大山猫”105 首辆样车采用的是中级火控系统。主稳定火控系统，即带热像夜视仪的高级火控系统已通过鉴定并准备投入生产。因为采用模块化设计，因此用户可以根据可靠性需求进行升级或降级。

南非于 20 世纪 90 年代改装“大山猫”时，已经把目光对准国际市场，由于它采取模块化设计，能够按照客户的不同要求进行改装。

枪械的研制历程 南非“大山猫”105 型装甲侦察车

1976 年，“大山猫”105 型装甲侦察车的研制工作开始，是在“大山猫”76 装甲侦察车的基础上研制而成的，主要特点是用 105 毫米线膛炮取代了 76 毫米火炮。

1985 年年底，该车的全面研制工作开始。

1989 年，首辆“大山猫”装甲侦察车完成。

1990 年，正式装备当时的国防军。

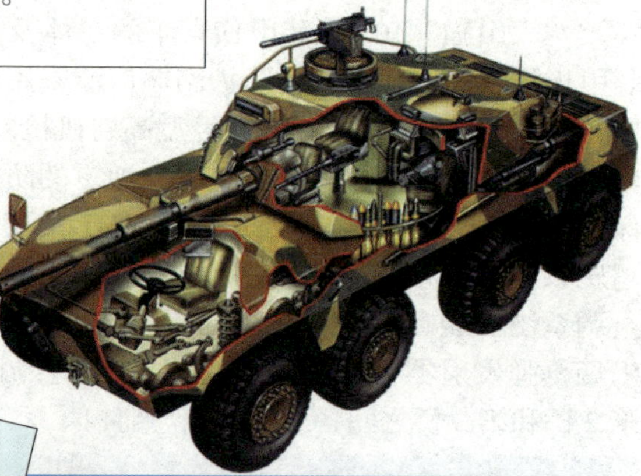

“大山猫”105 型装甲侦察车透视图

外形彪悍的“大山猫”105 型装甲侦察车

训练中的“大山猫”装甲侦察车。它如同真正的山猫一样凶猛。自 19 世纪 80 年代以来，“大山猫”就开始替代“大羚羊”，作为南非国防军的高机动战斗车辆参加行动。

东南亚第一铁骑>>>

新加坡“比奥尼克斯”步兵战车

新加坡是马来半岛南端的岛国，独立40多年来，国防力量从无到有、从小到大，已建立起一支包括6万常规军、20余万后备军，拥有导弹、潜艇、F-16D/F战斗机、KC-135空中加油机、支努干直升机和M1主战坦克等比较先进的重型中远程军事装备的武装部队，其武器之精良在东南亚是数得着的。近年来，新加坡自行研制出了“比奥尼克斯”履带式步兵战车。

主要诸元：

车长→*6.57米*

车宽→ *（带裙板）3米*

车高→ *（至炮塔顶）2.54米*

最大速度→*70千米／时*

“比奥尼克斯”步兵战车为普通结构形式，即车体前部是驾驶室－动力装置部分，中部为炮塔，载员舱位于车辆后部，有一个大的跳板式后门供载员出入。该车具有良好的操作简便性、行驶舒适性及维修方便性。因武器尺寸较小，“比奥尼克斯”40／50步兵战车在战斗室上方设有两个折叠舱门，而“比奥尼克斯”25步兵战车只有一个横向的舱门。

“比奥尼克斯”步兵战车

“比奥尼克斯”25步兵战车炮塔上装有两挺7.62毫米机枪。“比奥尼克斯”40／50步兵战车炮塔上装有1挺12.7毫米重机枪。

“比奥尼克斯”25步兵战车装有一个双人炮塔，炮塔上装有1门25毫米机关炮。“比奥尼克斯”40／50步兵战车装有一个单人炮塔，炮塔上装有一个40毫米榴弹发射器。

KC-135空中加油机。新加坡军队武器之精良在东南亚首屈一指。

“比奥尼克斯”步兵战车车体由装甲钢制成。战斗室内有防崩落衬层。车辆四周的基本装甲可防 14.5 毫米穿甲弹。带陶瓷成分的附加装甲使车辆正面可防 25 毫米动能弹。

该车最具特色的要算其传动装置，传动装置具有无级变速和无级转向双重功能，在当今世界上，也称得上相当先进了。公路最大时速为 70 千米，可空中运输。

这种步兵战车兼具轻型火力支援车和装甲输送车的功能，主要用于战场近程火力支援和运送步兵。除此型车外，还有架桥车、装甲抢救车等车型。虽然“比奥尼克斯”步兵战车在技术性能上称不上世界最好，但是它的采购价仅为 140 万美元，因此在 2000 年欧洲萨托利陆军装备展览会上，该车颇受瞩目。

战车的研制历程 新加坡“比奥尼克斯”步兵战车

1989 年，新加坡动力技术公司开始实施步兵战车研发计划，以补充并替换现役的美制 M113 型装甲战车。

1990 年 1 月—1993 年 1 月，制造出 3 辆样车，供研制试验用。针对样车在试验中出现的问题，研制单位对样车进行了重新设计和改进。

1995 年 7 月，该车设计定型。

1996 年，新加坡陆军选择“比奥尼克斯”步兵战车作为现装备 M113 的后继车。

1997 年 9 月，正式投入生产，定名为“比奥尼克斯”（Bionix，简称 BX）。

1999 年，首批车辆交付部队。新加坡动力技术公司还极力向国际市场推销该车。

“比奥尼克斯”步兵战车侧视图

“比奥尼克斯”步兵战车尾门特写

铁骑新姿>>>

瑞士增强型“锯脂鲤”Ⅳ（8×8）步兵战车

“锯脂鲤”Ⅳ（8×8）步兵战车是在“锯脂鲤”Ⅳ（8×8）装甲输送车的基础上发展而来，其内部空间增大到12立方米，因此车辆的有效载重也更大，对地雷和直瞄射击武器的防护级别也更高，可以保证完成战场上的多种任务。

“锯脂鲤”Ⅳ（8×8）步兵战车沿袭了传统装甲车的车体结构，前部左侧是驾驶室，右侧为动力室，车体后部是载员室。“锯脂鲤”Ⅳ（8×8）步兵战车的乘员为3人，车长、炮长和驾驶员，还可容纳8名载员。该车采用“锯脂鲤”Ⅳ装甲输送车的底盘，车体上部中央安装了电驱动双人炮塔。

“锯脂鲤”Ⅳ（8×8）步兵战车采用了MTU公司研制的大功率柴油发动机，输出功率为397千瓦。

主要诸元：

车长→*7.24米*

车高→*（至炮塔顶）2.54米*

最大公路速度→*100千米/时*

最大公路行程→*750千米*

主要武器→*30毫米机关炮*

辅助武器→*7.62毫米并列机枪、76毫米的烟幕弹发射器*

“锯脂鲤”Ⅳ（8×8）步兵战车车体为防弹钢板焊接结构，但车体棱角显得圆滑。

正在进行水上试验的装有LAV-25炮塔的“锯脂鲤”ⅢC步兵战车。

该车采用了可调节车高的液气弹簧悬挂装置，所有车轮都安装有液气悬挂装置，使得该车具有更好的机动性能、强大的火力和接近于履带式车辆的防护能力。该车采用了中央轮胎充气系统和大直径395/85R20泄气保用轮胎。

“锯脂鲤”Ⅳ（8×8）步兵战车还装有附加装甲和反地雷装甲，其最高防护水平为5级，车体正面可以抵御25毫米脱壳穿甲弹的攻击，全车能够抵御14.5毫米枪弹的攻击。该车还采用了独特的防爆技术，其车底部装甲可以抵御9千克地雷爆炸的攻击。另外，还采用了降低信号特征技术，进一步提高了防护能力。

战车的研制历程 瑞士增强型“锯脂鲤”Ⅳ（8×8）步兵战车

20世纪70年代初期，为满足国内瑞士陆军和世界军火市场，瑞士莫瓦格公司以私人投资的方式发展了“锯脂鲤”4×4、6×6和8×8步兵战车。

1972年，首辆样车完成。

1976年，开始生产首辆产品车。

2001年9月，在英国防务装备展览会上展出了“锯脂鲤”Ⅳ步兵战车样车。

2003年，推出了“锯脂鲤”Ⅳ（8×8）步兵战车。

轮式装甲车

20世纪70年代，轮式装甲车开始崛起，这主要归功于当时世界各国积极发展公路网，便于轮式装甲车的使用。

轮式装甲车辆与履带式装甲车辆相比，具有公路行驶阻力小、所需功率少、油耗低、震动小、噪声低、速度快、行驶平稳、购置费用少、寿命长、维修简便、使用经济等一系列优点，是机械化步兵部队和快速反应部队、快速部署部队的主要装备之一。它的缺点是越野性能和承载能力不如履带式装甲车辆。

20世纪90年代，轮式装甲车得到了迅速普及。

轮式装甲车辆的武器随着技术的发展，已由最初的机枪、小口径自动炮发展到大口径火炮（90~105毫米），作战用途也随之发生变化。

阅兵式上的“锯脂鲤”Ⅳ（8×8）步兵战车

俄罗斯 122 毫米 40 管“冰雹”自行火箭炮

122 毫米 40 管“冰雹”自行火箭炮

主要诸元：

口径→122.4 毫米
射速→40 发 /18~20 秒
炮高→2850 毫米
炮宽→2690 毫米
涉水深→1 米
最大行程→405 千米
战斗全重→11.5 吨
最大爬坡度→31%
越壕宽→875 毫米
最大时速→75 千米

俄罗斯 122 毫米 40 管“冰雹”自行火箭炮是目前装备国家最多、装备数量最大的一种多管火箭炮，在第三、第四次中东战争以及在非洲地区进行的战争中，都曾被使用。

该 122 毫米 40 管“冰雹”自行火箭炮威力大、火力猛，结构简单、重量轻。用于压制或歼灭集结地域内的敌有生力量和技术兵器，压制敌炮兵连和迫击炮连，破坏敌野战工事和支撑点。

122 毫米 40 管“冰雹”火箭炮多采用嘎斯卡车底盘。

2006年8月，在莫斯科举行的地面部队国际防务展上，俄罗斯SPLAV国营科研生产联合体透露，其将为“冰雹”多管火箭炮设计122毫米制导火箭弹。

新型制导火箭弹将兼容于现有多管火箭炮，但需要对现有火箭炮系统的火控系统进行升级。该火箭弹将采用新型固体火箭发动机，最大射程可达40千米。目前，该火箭弹还处于研制初期，还未进行重要的硬件试验。

122毫米40管“冰雹”自行火箭炮未来还将进行多种技术升级。

装备情况

1964年，俄罗斯122毫米40管“冰雹”自行火箭炮装备苏军部队，至今仍是俄罗斯的制式装备，而且约23个原华约及其他国家也都装备了这种火箭炮。

俄陆军“冰雹”多管火箭炮部队齐射

“冰雹”多管火箭炮拖车后部

俄罗斯9K58式“旋风”300毫米多管火箭炮

俄罗斯9K58式“旋风”300毫米多管火箭炮（Б M–30）共有12个发射管，分上、中、下三层配置，上层4个并排配置，中、下层则分左右配置，左右各并排配置两个发射管。该炮采用M A 3–543（8×8）型载重卡车底盘，其发射装置安装在底盘的后部，自动化射击指挥系统安装在驾驶舱内，驾驶舱有装甲防护。该火箭炮采用简易控制自动修正系统，其纵向和横向精度均为1/310。

主要诸元：

战斗全重→43.1吨
口径→300毫米
管数→12
运动速度→65千米/时
最大行程→650千米
高低射界→15~55度

自行火炮的研制历程 俄罗斯9K58式“旋风”300毫米多管火箭炮

20世纪80年代中期，苏联研制出口径最大的多管火箭炮——9K58式“旋风”300毫米多管火箭炮（Б M–30）。

1983年，9K58式“旋风”300毫米多管火箭炮（Б M–30）设计定型。

1987年，开始装备部队。主要装备军属火箭炮旅和集团军属火箭炮团。

1995年下半年，科威特订购的27套系统开始交货；后来，阿拉伯联合酋长国订购了6套。

1998年，印度首批购买6套，还计划再购买12套。

9K58式“旋风”300毫米多管火箭炮是当时苏联研制的口径最大的多管火箭炮。

“旋风”多管火箭炮发射瞬间

“旋风”300毫米多管火箭炮

9K58式“旋风”300毫米多管火箭炮系统用于摧毁敌方有生力量、装甲及非装甲的装备。

该炮射程远，威力大，最大射程达70千米，1门火箭炮一次齐射可抛出864枚子弹药，杀伤面积可达67.2×10^4平方米；弹种多，可遂行多种射击任务。该火箭炮发射9M55 K式子母火箭弹，除杀伤子母弹战斗部之外，还可以使用燃烧子母战斗部、反坦克子母雷战斗部、燃料空气炸药战斗部。

为了缩短反应时间，斯普拉夫公司正在以一次性使用的P-90型无人驾驶侦察飞行器为基础，研制一种适于“旋风”火箭炮使用的自主目标探测和毁伤评估装置。另外，俄罗斯还对“旋风”300毫米火箭炮系统进行了重新设计，并使用了复合推进剂，使其射程由原来的70千米增加到90千米以上，而且射击精度也提高了8%~10%。

俄罗斯的"射雕英雄">>>

"通古斯卡"自行防空系统

"通古斯卡"自行防空系统采用GM-352M型履带式底盘，它是MT系列装甲输送车底盘的发展型。

车上装有陀螺仪导航系统、燃气轮机辅助动力装置、三防系统（包括有Y射线探测仪、化学毒剂监视器等）、自动灭火抑爆系统、加温装置、手提式灭火器、通风装置等，不仅使乘员有一个良好的工作和战斗环境，也提高了对原子和化学武器的防护能力。

"通古斯卡"防空系统的最大特点是"有（导）弹、有炮、有雷达"。由于自带搜索雷达和跟踪雷达，因此其具备了独立作战的能力。防空导弹和高射机关炮互相配合，覆盖不同的空域，可以发挥两种武器的特长，互相补充，相得益彰。

主要诸元：

战斗全重→34吨
口径→30毫米
管数→4
初速→960米/秒
最大行程→500千米
身管长→3478毫米
高低射界→-6～+80度
方向射界→360度
携弹量→1904发

红场阅兵式上壮观的"通古斯卡"自行防空系统

机关炮的杀伤概率为 60%，导弹的杀伤概率为 65%，使整个系统在重叠空域的杀伤概率达到了 86%，几乎是“十拿九稳”。

外国的军事专家评论说：“‘通古斯卡’”是同类系统中唯一一种能在最大射程内有效攻击武装直升机的防空武器。“从这一点来说，它要优于“阿达茨”防空－反坦克武器系统和日本的 87 式自行高炮。但“通古斯卡”弹炮合一系统基本上不具备反坦克作战能力，战斗全重也偏重，这是它的两点不足。

世纪之交，俄罗斯军方又完成改进型的“通古斯卡”M1 弹炮合一系统。改进的重点包括：采用新的自动攻击目标模式，可将系统反应时间缩短到 8 秒；采用了改进型的车载稳定系统；雷达和火控系统也作了改进。生产厂商称，改进型系统的抗干扰能力更强，为基本型“通古斯卡”的 1.3～1.7 倍。

在我国 1999 年国庆 50 周年大阅兵中，第 12 车辆方队即为履带式 4 管 25 毫米自行高炮方队。它名为自行高炮，实际上是弹炮合一自行防空系统，和“通古斯卡”是一个类型的武器系统。

自行火炮的研制历程 “通古斯卡”自行防空系统

20 世纪 70 年代末期，美国研制列装了反坦克武装直升机。直升机载反坦克导弹射程 4～5 千米，对苏军坦克和装甲车辆的威胁日益增大，而苏军装备的 ЗСУ-23-4 式 23 毫米 4 管自行高射炮射程近、杀伤力不足，并且不具备对付多目标的能力，因而面临严峻的挑战。苏军迫切需要研制新的防空武器系统取代 ЗСУ-23-4 式 23 毫米 4 管自行高射炮，以对付美反坦克武装直升机。“通古斯卡”弹炮合一防空系统正是在这种背景下发展起来的。

“通古斯卡”弹炮一体自行防空武器系统

怪兽出世>>>

俄罗斯“联盟”-SV152毫米双管自行火炮

“联盟”-SV152毫米双管自行火炮由现有的2S19自行火炮系统的炮塔和履带式坦克底盘构成。每根炮管都安装有相应的炮口制退器。技术验证车最早完成于2006年年底，生产型火炮将采用每侧装有7个负重轮的底盘和加大型的炮塔。

该火炮系统配备有弹药处理系统，所有弹药都被储藏在炮塔座圈下面。车内共储藏有50枚152毫米弹头和相应的发射药。整个系统由两名乘员控制，而不是技术验证车中的5人。乘员位于车内前部，具有良好的装甲防护。“联盟”-SV火炮系统将比2S19自行火炮具备更强的火力和更远的射程。

“联盟”-SV152毫米双管自行火炮的主要武器为152毫米双管长身管火炮，每门火炮均配装用钛合金制成的“胡椒瓶”形炮口制退器。其系统采用了独特的被称为“拳击手”的液压缓冲装置，在发射过程中。两个炮管交替开炮，发射速度达到15~18发/分。火炮顶端装有1挺12.7毫米机枪，用于防空和自卫。另外，炮塔两侧各配备了一组（3个）电控烟雾弹发射器。

俄罗斯“联盟”-SV152毫米双管自行火炮系统具有多发弹同时弹着射击能力。

俄军现役的2S19自行火炮

“联盟”-SV152 毫米自行火炮样车，其“胡椒瓶”形炮口制退器别具特色。

据悉，生产型“联盟”-SV152 毫米双管自行火炮将安装新型炮塔，该炮塔可延伸至车体后方以容纳所有 152 毫米炮弹，同时采用遥控模式进行弹药装填。而弹药将安置在炮塔正下方，也采用自动装填模式。预计生产型“联盟”-SV 火炮将携带 50 枚炮弹及装药，并通过一辆专用装甲运输 / 装填车进行弹药再装填。

目前，虽然世界上许多国家都在致力于研制和装备新型自行火炮系统，但没有一个国家像俄罗斯那样，研制出威力如此强大的“联盟”-SV152 毫米双管自行火炮。“联盟”-SV152 毫米双管自行火炮具有射速高、弹药供应量大、火力强、越野机动性好以及生存能力强等多项优良性能，相信不久就会在“战争之神”的大家族中露出其“野兽”的狰狞面目来！

俄罗斯“联盟”-SV152 毫米自行火炮

美国 M270 式多管火箭炮

M270 式多管火箭炮系统主要由发射车、发射箱和火控系统三大部分组成。

M270 式多管火箭炮采用的发射车为 M993 式高机动、轻型装甲履带车。该车是 M2 步兵战车的改型车，它的越野能力和机动性可以与 M1 坦克相媲美。车上 80%的部件为通用部件，如电动机、齿轮箱和缓冲装置等。

每辆发射车均有接收射击任务、确定自身位置、计算射击诸元和瞄准目标的能力。一次装填可发射 12 枚火箭弹或两枚陆军战术导弹。

M270 式多管火箭炮的发射箱一次可装入两个火箭弹发射 / 存贮器，每个发射 / 存贮器装弹 6 枚；或同时装入一个发射 / 存贮器和一枚陆军战术导弹（美军装备型），发射箱上有模版印制的国防部识别码。

为了适应未来战争的需要，提高部队的快速反应能力，美国又在 M270 式多管火箭炮的基础上研制和发展了一种高机动性轻型多管火箭炮系统（HMARS），以供轻型快速反应部队使用。

主要诸元：

口径→*227 毫米*

最大射程→

M26 型火箭弹 /32 千米

M26A1 增程型火箭弹 /45 千米

AT2 反坦克布雷火箭弹 /40 千米

末制导子母弹战斗部火箭弹 /40 千米

“萨达姆”子母弹战斗部火箭弹 /57 千米

高低射界→*－2～＋60 度*

方向射界→*280 度*

M270 式多管火箭炮首次出现在海湾战争中

为了解决M270式多管火箭炮系统的微型电路过时报废的问题，美国陆军已于1992财年第四季度开始了火控系统的改进计划。另外，1995财年第四季度，又批准对该系统实施机械部分的改进计划。经过这两项改进的M270式多管火箭炮被定名为M270A1式多管火箭炮。

为了有效攻击集群装甲目标，美国还在研制“萨达姆”子母弹战斗部，该战斗部内装有4颗“萨达姆”子弹。配用这种战斗部的火箭弹的最大射程将增加到57千米，几乎是原型火箭弹射程的两倍。这种战斗部将使用M270A1和高机动性多管火箭炮发射车发射。

美国计划为M270式火箭炮研制的“制导火箭弹”实际是一种弹道修正子母弹，用于攻击坦克、轻装甲车、战场物资补给站等软硬目标。美军要求这种火箭弹的圆公算偏差达到10米，使作战效能相对现装备的M26式火箭弹提高70%。预计将于2012年大批生产，由于英、法、德、意等国也参与了研制，因此到2012年有可能成为北约的制式火箭弹。

自行火炮的研制历程 美国M270式多管火箭炮

1976年，美国开始研制和发展自己的多管火箭炮。

1980年4月，美国陆军与沃特公司签订了研制合同，正式转入生产与装备阶段。同年6月与该公司签订了首批少量生产合同。

1983年初，美国陆军首次装备了M270式多管火箭炮。

1991年1月，在海湾战争中首次投入战场使用。

美制M270式多管火箭炮

美国“海玛斯”高机动性火箭炮

“海玛斯”高机动性火箭炮系统是多管火箭炮家族中的最新成员，它能够在轮式底盘上发射，主要由M270式火箭炮的一组六联装定向器、M1083系列5吨级中型（6×6）汽车底盘、火控系统和自动装填机组成。在5吨级中型汽车底盘的后部安装了一个发射架，发射架上既可装配一个装有6发火箭弹的发射箱，也可以装配一个能装载和发射一枚陆军战术导弹的发射箱。

该炮的火控系统与M270式火箭炮的火控系统基本相同，包括电视图像装置、键盘控制器、弹道计算机和GPS卫星定位接收机。该炮的工作特点和操作程序及战术技术性能与M270式火箭炮基本相同，并且保持着现役多管火箭炮系统的自动装填和自主式作战的特点。

该火箭炮系统与M270式多管火箭炮相比较，最大特点是重量轻、机动性强。此外，使用轻型底盘可降低生产、使用与维修保养的费用，并因此达到更高的公路行驶速度。

主要诸元：

战斗全重→*13.7吨*
口径→*227毫米*
管数→*6*
发射方式→*单发、连射、齐射*
行军尺寸→
6940×2390×3180毫米
运动速度→*89千米/时*
最大行程→*480千米*
高低射界→*-2~+60度*
方向射界→*280度*
涉水深→*（有准备）1538毫米*

“海玛斯”高机动性火箭炮

“海玛斯”高机动性火箭炮系统可以发射 M270 式火箭炮现配用的所有各型火箭弹和陆军战术导弹，以及正在研制的新型末敏子母火箭弹、制导子母火箭弹和所研制的系列陆军战术导弹等。

借助火控计算机，全炮可由单兵控制装填弹药和操作发射，在停止间只需 16 秒钟即可完成对目标瞄准。与 M270 式火箭炮相比，占领和撤出阵地用时较少，可以“打了就跑”。

按照发射 M26 型双用途子母弹计算，一个 9 门制的高机动性火箭炮连一次齐射的威力，相当于一个 18 门制的 155 毫米榴弹炮营发射双用途子母弹（72 颗子弹）27 次齐射的威力。即高机动性火箭炮连在 30 秒钟内完成的射击任务，一个 155 毫米榴弹炮营需要花费 12 分钟（720 秒）才能完成。

自行火炮的研制历程 美国“海玛斯”高机动性火箭炮

“海玛斯”高机动性火箭炮系统是由美国的洛克希德·马丁导弹与火力控制公司在 M270 式火箭炮的基础上发展起来的，主要目的是研制一种重量更轻、机动性更强、能用 C-130 运输机空运的多管火箭炮系统，以满足轻型快速部署部队的需要。

目前，厂家已经研制出 4 套高机动性火箭炮系统，并已将其中 3 辆发射车交付第 18 空降军进行为期两年的评估。美国陆军计划订购 500 门这种火箭炮系统，并于 2005 财年装备第一支高机动性火箭炮系统部队。

有“大力神”之美誉的美国 C-130 运输机

美国M109A6式"帕拉丁"155毫米自行榴弹炮

M109A6式"帕拉丁"与以前的M109系列榴弹炮相比，在反应能力、生存能力、杀伤力和可靠性方面都有大幅度提高，而且该炮成为美国陆军用于"数字化战场"上的第一种武器系统。

现代化的M109A6式"帕拉丁"自行榴弹炮克服了其原型在使用中存在的各种局限性，使现有的部队结构能更有效地发挥作用。该炮配用了自动化火控系统，安装了炮上弹道计算机与定位导航系统、火炮自动定位装置和单信道地面与空中无线电系统，使其快速反应能力大大高于美陆军现装备的M109A2/A3式自行榴弹炮。

M109A6式"帕拉丁"自行榴弹炮通过战术射击指挥系统和先进的野战炮兵战术数据系统与其他的目标探测和武器系统相连接，无论在白天还是夜间都能在60秒钟内完成独立接收射击任务、计算射击诸元、占领发射阵地、解脱炮身行军固定器、使火炮瞄准目标和首发命中目标这一系列操作。

主要诸元：

战斗全重→约32吨
口径→155毫米
最大射程→（榴弹）24千米
（火箭增程弹）30千米
最大射速→4发/分
持续射速→1发/分
高低射界→－3～＋75度
方向射界→360度
携弹量→39发
越壕宽→1830毫米
涉水深→1050毫米

美国陆军装备的M109A6式"帕拉丁"155毫米自行榴弹炮

该炮提高了对轻武器火力和炮弹破片效应的防护能力，对核生化的防护能力也更强。火炮发射后，能立即转移到一个新阵地，并执行另一项射击任务。该炮所具有的这种“打了就跑”的能力，再加上它在设计时所采取的减小易损性的措施，不仅使它的生存能力得到很大提高，而且能够确保在整个战斗中有更多的榴弹炮能坚持战斗，以支援己方的机动部队。

美陆军认为，该炮底盘的发展已接近极限，改进余地甚小。改进的重点已放在火控系统和弹药方面，特别是对计算机的升级、GPS 系统等信息化设备的增设和改进。由于“十字军战士”自行榴弹炮研制计划的流产，预计 M109A6 式“帕拉丁”榴弹炮的服役年限会更长一些，而且会进一步采取改进措施。

美军 M109A6 式“帕拉丁”155 毫米自行榴弹炮是美国陆军 M109 系列 155 毫米自行榴弹炮的最新改进型号。其主要特点是装备了弹道计算机、定位导航系统和火炮驱动伺服系统的自动火控系统、数字电台以及初速测定系统，大大提高了装甲防护能力、三防能力、机动能力和夜视能力，使身管火炮拥有了在现代战场的数字平台上与其他部队和武器装备密切配合协同作战的能力。

自行火炮的研制历程 美国 M109A6 式“帕拉丁”155 毫米自行榴弹炮

M109 自行火炮是美军的主要火力支援武器。1988 年，M109 自行火炮共生产了 6700 多辆，其中美军装备了 2400 多辆，其余 4000 多辆出口到英国、德国、加拿大等 30 多个国家和地区。

M109 自行火炮具有现代典型自行榴弹炮的各种特点。其 155 毫米的口径是当今的主流口径，可以发射北约标准的各种弹药。

进入 20 世纪 90 年代，美军忽然讨厌起超大口径自行火炮，开始逐步淘汰 175 毫米加农炮和 203 毫米榴弹炮。替代它们的是 MLRS 多管火箭炮。这期间，为了适应 21 世纪作战需要，美陆军大力推行“先进的野战火炮系统”研制计划，于是产生了“十字军”式 155 毫米自行榴弹炮。可是正当“十字军”准备于 2006 年进入部队服役、扮演“未来数字化战场上的第一种重要炮兵武器”时，整个发展计划又突然全部取消。不过，这倒使 M109A6 式“帕拉丁”自行火炮更引人注目了。

“帕拉丁”自行榴弹炮野外训练

创造火炮身管寿命奇迹>>>

英国 AS90 式 155 毫米自行榴弹炮

AS90 式 155 毫米自行榴弹炮是英国陆军现装备的唯一一种自行火炮系统，也是西方国家最早列装的新一代现代化的自行火炮，其最大特点是应用了自动瞄准系统，最大射击速度达 6 发 / 分。

该炮采用前置式发动机，增大了战斗舱和发动机舱等处的空间；炮手能比较舒服地在炮塔内工作；发动机舱可容纳功率更大的发动机；增加了携弹量；便于炮手进出，便于补充弹药并便于维护和修理。

炮轮廓低，不易被敌发现；远距离射击精度高；机动性强，能满足各种要求；具有爆发射击能力；炮塔内有“可扩充潜力”，便于将来采用各种新研制的系统；可向机动部队提供高速大密度的支援火力。

此外，AS90 式 155 毫米自行榴弹炮还配有一部火炮自动瞄准系统，它从“贝茨”炮兵射击指挥系统接受目标信息。这种瞄准系统有很大的发展潜力，有可能导致火炮全面的自主式操作，大大减少对乘员操作的需要。

主要诸元：

战斗全重→45 吨
口径→155 毫米
最大射程→榴弹 /24.7 米
火箭增程弹 /30 千米
最大射速→6 发 / 分
持续射速→2 发 / 分
高低射界→−5～+70 度
方向射界→360 度
携弹量→48 发

AS90 式 155 毫米自行榴弹炮配合空中力量作战

AS90 式 155 毫米自行榴弹炮是英国陆军装备的唯一一种自行火炮系统。

装备情况

AS90 式 155 毫米自行榴弹炮 1992 年正式装备部队。该炮主要装备在英陆军野战炮兵团。目前，英陆军编有 5 个 AS90 式 155 毫米自行榴弹炮团，每团下辖 4 个连，每连装备 8 门火炮，全团共装备 32 门。

近年来，英国正在着手将现有的 179 门 AS90 式 155 毫米自行榴弹炮改进为“勇敢的心”自行火炮。该炮配用 52 倍口径的身管和南非 M90 式双模块发射装药系统，其火控系统也有改进，发射英国 L15 式制式榴弹和新型弹底排气弹的最大射程分别达 30 千米和 41 千米。

目前，英国还为 AS90 式 155 毫米自行火炮制订了长远改进计划，其中包括在炮塔内配以炮载火控计算机、新型数字式信息传输系统、GPS 全球定位接收机、初速测定仪、车辆电子系统、引信自动装定器和身管温度和曲率传感器等装置，还将配备主、被动式防护系统。估计经过这些改进后的 AS90 式自行火炮将在不久的将来装备部队。

在伊拉克战场上，AS90 式 155 毫米自行榴弹炮曾帮了美军的大忙。

日本 99 式 155 毫米自行榴弹炮

99 式 155 毫米自行榴弹炮由 FH70 式 155 毫米榴弹炮的身管、全封闭式炮塔、计算机火控系统和 89 式履带步兵战车底盘组成。由于日本多年仿制瑞典 FH70 式火炮，因此，无需从国外进口该系统配用的 39 倍口径身管。

该炮与日本陆上自卫队现装备的自行火炮的最大区别是：第一，99 式 155 毫米自行榴弹炮配用了先进的火控系统，包括弹道计算机、自动定位定向装置和导航装置；第二，配用了自动装填装置、三防和夜视器材；第三，该火炮可配用多种弹药，其中包括北约集团的制式榴弹、火箭增程弹、子母弹、发烟弹、照明弹、化学弹和日本研制的一族新型弹底排气弹。

可以说，99 式 155 毫米自行榴弹炮已初步满足了 21 世纪信息化战争特点的要求，也是日本自卫队当前装备的技术水平最高的压制身管火炮。在未来 10 年内，日本将生产出 163 门 99 式 155 毫米自行榴弹炮，计划最终装备数量将达到 190 门，用以取代现装备的 75 式 155 毫米自行榴弹炮，作为师属炮兵团的主装备。

主要诸元：

战斗全重→*40 吨*

口径→*155 毫米*

最大射速→*6 发/分*

持续射速→*2 发/分*

高低射界→*−5～+65 度*

方向射界→*360 度*

越壕宽→*1800 毫米*

涉水深→*800 毫米*

日本 99 式 155 毫米自行榴弹炮野外实战演习。

韩国“飞虎”30毫米双管自行高射炮系统

“飞虎”30毫米双管自行火炮

“飞虎”30毫米双管自行高射炮系统的炮塔安装在新研制的全履带底盘上。

韩国“飞虎”30毫米双管自行高射炮系统的炮塔安装在新研制的全履带底盘上，炮塔两侧各装备1门瑞士厄利康·康特拉夫斯公司的30毫米自动火炮，炮塔的方向转动和火炮的高低俯仰都是电动的，火炮连发射速为单管600发/分。炮塔的后部安装一部预警雷达，指挥员的固定式瞄准具和火控系统安装在炮塔顶部。火控系统采用了先进的数字化计算机。

探测装置和光电跟踪系统安装在两门火炮中间，用于对飞机和直升机进行全天候跟踪。前者由美国休斯飞机公司研制，后者由通信系统分公司研制。

该系统由热成像装置、电视探测装置、激光测距机和自动化双模跟踪装置组成，其中的激光测距机重复频率高，并且对人的眼睛没有伤害，自动化双模跟踪装置用于锁定在地物干扰中飞行的低空目标。

主要诸元：

口径→*30毫米*
射速→*2×600发/分*
有效射程→*3千米*
探测距离→*17千米*
跟踪距离→*7千米*
底盘→*KIFV*

自行火炮的研制历程 韩国“飞虎”30毫米双管自行高射炮系统

1983年，启动研制计划。

1992年，完成发射试验和完善评估工作。

1999年11月19日，通过性能测试。

1999年12月，交付韩国陆军。该火炮系统与韩国的“天马”防空导弹系统一起构成低空防御网。

战神新宠>>>

韩国 K9“霹雳”155 毫米自行榴弹炮

韩国 K9 自行榴弹炮

长期以来，韩国军队的作战思想和装备建设思路都将朝鲜视为主要假想敌。1989 年 7 月，面对朝鲜百万陆军的巨大压力，韩国国防部提出了研制新型 52 倍口径的 155 毫米自行榴弹炮，力图在纵深支援火力上，具有与朝鲜陆军强大的炮兵相抗衡的能力，能够“以质量上的优势换取数量上的差距”。

虽然韩国属于海岛型国家，但其对陆军装备发展的重视程度是许多国家望尘莫及的。自 20 世纪 70 年代后在美国的援助下，韩国建成一个门类比较齐全的军事工业体系以来，其常规武器发展可谓咄咄逼人。

主要诸元：

战斗全重→*46.3 吨*

最大行程→ *360 千米*

爬坡度→*31%*

越壕宽→*2800 毫米*

涉水深→*1500 毫米*

特别是近年来，韩国陆军除了自行研制出了 KMH 武装直升机、性能不俗的 K1/K1A1 主战坦克、KIFV 步兵战车等主战兵器外，还打造出了符合北约“联合弹道谅解备忘录”标准的 K9“霹雳”155 毫米自行榴弹炮，成为 52 倍口径重型自行榴弹炮的生产国。韩国人甚至声称，K9“霹雳”是“亚洲第一，世界第二”的自行榴弹炮。

在总体布置上，车体前部为驾驶室和动力传动装置，驾驶员位于车体前部左前方。驾驶员有 1 个向后开启的舱门，其上有 3 具潜望镜，中间的 1 具可换为被动式夜视仪。驾驶员的右侧为动力舱。炮塔和火炮在车体的后部，车长和炮长位于火炮的右侧，有 1 个顶舱门；装填手立姿位于火炮的左侧，有 1 个侧面舱。车体后部还有 1 个较大的车门，供乘员上下车和补充弹药。燃油箱位于车体前部右侧，蓄电池位于车体前部左侧。该布局比许多国家沿用主战坦克的发动机后置底盘合理得多，因为发动机后置设计限制了弹药的贮存空间和炮手的活动空间，而自行火炮的专用底盘为补充弹药和人员进出提供方便，也为以后进行技术升级预留较多的空间。

K9 自行榴弹炮后视图

K9 炮塔特写

K9 的作战室，右部为炮长位置，左侧门通往驾驶室。

自行火炮的研制历程 韩国 K9“霹雳”155 毫米自行榴弹炮

1989 年，韩国防卫发展局开始进行新型自行榴弹炮的研制工作。关键性要求包括提高射速、射程、射击精度及缩短行军 / 战斗与战斗 / 行军转换时间以及高机动性等。

1998 年，K9 自行榴弹炮最终定型。目前已组建了第一个炮兵营，包括 3 个炮兵连，每个连装备 6 门 K9 式自行榴弹炮。

唯一的大口径轮式自行火炮>>>

南非 G6 式 155 毫米自行加榴炮

G6 式 155 毫米自行加榴炮是南非第一种具全自动瞄准和导航能力的自行榴弹炮，炮身性能与 G5 相同，但在改装成自行火炮后，在炮身中部安装了抽烟装置。采用自紧身管，药室比同级火炮大。炮栓为断隔螺纹式，通过一个凸轮板可实现半自动开栓和闭栓。此外还安装有一种电动射击系统。

底盘为 6×6 的轮式装甲车底盘。驾驶室位于第一车轴前，装有防弹玻璃窗，战斗时用装甲板罩上。发动机在第一与第二车轴之间，为气冷涡轮增压柴油式动力装置，功率 520 马力，单位功率 11.17 马力 / 吨。变速箱由 6 个前进档和液压变矩器组合而成。采用独立悬挂装置。轮胎为大型低压胎，便于在沙漠中通行。

在底盘的结构和布局上，都采取了防地雷措施。例如，驾驶员的位置靠前，两侧又有装甲板防护，地雷对驾驶员不会有伤害。驾驶员一旦受伤，炮长在战斗室内可直接进行操纵。底盘底部的装甲结构和形状能承受住 3 个地雷的爆炸。另一项防雷措施是，在底盘前部安装有三角形加强板，板上打有气孔，可使爆炸能量向上散开。

G6 式 155 毫米自行加榴炮

主要诸元：

战斗全重→47 吨
持续射速→4 发 / 分
身管长→6 975 毫米
高低射界→ −5～+75 度
最大爬坡度→40%
涉水深→1000 毫米

当今世界最轻 155 毫米口径自行火炮>>>

法国“恺撒”155 毫米自行榴弹炮

主要诸元：

战斗全重→*18.5 吨*
最大射速→*6 发 / 分*
持续射速→*3 发 / 分*
高低射界→*+17～+66 度*
方向射界→*左右各 17 度*
携弹量→*至少 30 发*
越壕宽→*900 毫米*
涉水深→*1300 毫米*

全炮由 1 门 52 倍口径的身管炮（也可以安装 40 倍口径和 45 倍口径 155 毫米身管）、法国现装备的 Tr F1 式 155 毫米榴弹炮的炮架和“奔驰”U2450L 型 6×6 卡车组成，火控系统安装在驾驶舱内。车上装有半自动装填机、中央高压装置、驾驶舱内配有 PR4G 无线电台、身管测温器及温度报警器。

为了减轻重量和便于空运，该炮没有采用炮塔，而且炮架、驾驶舱、弹药舱及射击稳定器选用铝合金和复合材料制作，使全炮战斗全重 18.5 吨，空运时可进一步降至 16 吨。一架 C-130 型运输机一次即可运送一门炮、弹药及 6 人的炮班，与此相比，现行装备的 Tr F1 式 155 毫米同口径牵引榴弹炮却需要两架 C-130 运输机，一架运送火炮，另一架运送牵引车、弹药和炮班人员。

“恺撒”自行榴弹炮的另一大优点是采用了模块结构的火控系统，其中包括 CS2002-G 型火控计算机、自动瞄准装置、“西格玛”30 型导航定位系统、GPS 全球定位接收机、RBD4 型初速测定雷达、保密的实时数据传输设备，以及备用的手动光学瞄准镜、液压方向机和高低机，因而全炮行进间的系统反应时间仅 50 秒。

“恺撒”自行榴弹炮是当今世界最轻的 155 毫米口径的自行火炮，其公路行进速度较高，进出阵地较快，便于快速作出射击反应，据说从转入战斗状态开始，发射 6 发炮弹，至撤离阵地为止共费时不足 3 分钟。鉴于“恺撒”自行炮的这一优点，法国陆军打算用它来取代现行的 TrF1 式 155 毫米牵引炮。

"恺撒"155 毫米自行榴弹炮

"恺撒"出色的战略空运能力和公路机动性能，使它迅速"走红"，成为快速反应部队的理想装备。然而由于它没有炮塔，射击时炮班人员和火炮要暴露在外，战场生存能力较低，不符合当今高技术战场的作战需要，这是它最大的弱点。

自行火炮的研制历程 法国"恺撒"155 毫米自行榴弹炮

1994 年年初，完成样炮的试验工作，并于同年 6 月在巴黎"萨多里武器装备展览会"上展出。

1999 年，法国陆军订购 1 个连（5 套）的"恺撒"155 毫米自行榴弹炮。

2008 年，开始交付使用。美国海军陆战队和马来西亚皇家陆军等也有意购买或仿制。

"恺撒"155 毫米自行榴弹炮。由于没有炮塔，火炮和弹药舱处于完全暴露状态，射击时，部分射手也要暴露在外。

德国 PzH2000 自行榴弹炮树立典范

PzH2000 型 155 毫米自行榴弹炮是世界上第一种投入现役的符合北约第二份弹道谅解备忘录的自行榴弹炮，也是目前战术性能最优异的陆军身管压制火炮。该炮拥有高度自动化的导航以及火力控制功能、高精度的火炮操纵系统、高度自动化的弹药操纵系统。

它是世界上最先进的火炮，最大射程为 36 千米以上，能以高速率发射多种弹药，有效支持机动部队，它的模块式装甲和核、生、化保护系统以及高机动能力提高了整个系统的生存力。PzH2000 自行榴弹炮能打击软式和半软式面状目标。当德国陆军采购 155 毫米智能火炮导引头瞄准弹药后，该榴弹炮能够精确攻击硬式和半硬式单个目标，同时减少附带毁伤。PzH2000 自行榴弹炮主要装备为 1 门 52 倍口径的 155 毫米火炮，辅助武器为 1 挺 7.62 毫米机关枪。

主要诸元：

战斗全重→*55.3 吨*
口径→*155 毫米*
最大射速→*8～10 发／分*
身管长→*8060 毫米*
高低射界→*－2.5～＋65 度*
方向射界→*360 度*
携弹量→*60 发*

PzH2000 自行榴弹炮火力非凡。

尤其值得一提的是，PzH2000 安装了自动装弹机，该装弹机可以在火炮任何仰角时给火炮填装弹药，所以它的射速也非常高，达到了 3 发 /40 秒的急射速度和 8 发／分的连续射速。

PzH2000 最大的特点是射程远：在发射 L15A1 北约标准炮弹时，射程为 30 千米；在发射增程弹时，射程达 40 千米。这样它就可以在目前各国装备的火炮的射程外开火，保证了自身的安全。

该炮另一个特点是弹药储备量大，车内装有 60 枚弹丸和 67 包装药，能组成 60 发分装式炮弹，是老式 M109 火炮储弹量的两倍多。其配备的弹种有杀伤爆破榴弹、子母弹等。

德国 PzH 2000 自行履带榴弹炮原型之一

自行火炮的研制历程 德国 PzH2000 自行榴弹炮

为适应 21 世纪作战需要，德国研制了 PzH2000 式 155 毫米自行榴弹炮，1998 年开始装备德军。主要装备在野战炮兵营，每营下辖 3 个炮兵连，每连装备 6 门炮。到 2002 年年底，德国陆军已经接收了 185 辆 PzH2000 自行榴弹炮，随着希腊、荷兰、意大利、瑞典相继订购这种武器，PzH2000 很快就成为“欧洲自行榴弹炮”。

德国 PzH2000 自行榴弹炮是目前世界上最先进的火炮。

PzH2000 自行榴弹炮上舰试验

PzH2000 自行榴弹炮出厂

炮中极品>>>

瑞典“阿莫斯”120毫米双管自行迫击炮

主要诸元：

口径→*120 毫米*

最大射速→*履带式 /24 发 / 分*

轮式 /20 发 / 分

持续射速→*12 发 / 分*

身管长→*履带式 /3000 毫米*

轮式 /2400 毫米

高低射界→

履带式 /—5～+85 度

轮式 /+35～+85 度

方向射界→*360 度*

携弹量→*46 发*

“阿莫斯”120 毫米双管自行迫击炮是世界上第一种正式列装的炮塔多联装式自行迫击炮。它以其射速高、防护性能好、快速反应能力强、携弹量大和全向射击能力等优点已引起世界关注，为迫击炮的发展开拓了新途径。

该炮由双联装 120 毫米滑膛迫击炮、封闭式炮塔、炮载火控系统和轮式或履带式装甲车底盘组成。所用火炮有长、短身管两种：履带式底盘配用长身管，采用炮尾装填，并附有半自动装填装置；轮式底盘配用短身管，炮口装填，但借助一个特殊的装置炮手可在炮塔内进行手工装填。芬兰只采用炮尾装填的长身管迫击炮。

全焊接钢制炮塔可抵御轻武器与炮弹破片的攻击。两炮管共用一个摇架，但各自装有液压驻退机和液压复进机，可单独后坐与复进。尾装式炮管采用半自动立楔式炮栓，使用旋转式装填机从炮尾装弹，两炮管间装有一个抽烟器。

炮塔的方向转动与火炮的高低转动以电力驱动为主，但辅以手工驱动，射击时双管一起发射，因而射速较大且可以实施多发同时弹着射击。炮塔内配有光学和电子计算机火控系统、定位导航系统，所以具有自主作战能力。

世界上第一个正式列装部队的机动迫击炮——“阿莫斯”120 毫米双管自行迫击炮

“阿莫斯”120 毫米双管自行迫击炮炮塔适于安装到多种底盘上，如瑞典的 CV90 式履带式装甲战车、芬兰的 AX0185 式轮式（6×6）装甲车、瑞士的“剪刀鱼”轮式（8×8）装甲车、美国的 M113 式履带装甲车和俄罗斯的 МТ－ЛБ 式履带式步兵战车等。

“阿莫斯”迫击炮配用的迫击炮弹有榴弹、增程弹、发烟弹、照明弹、“林鸮”制导炮弹。瑞士与以色列还共同为此炮研制了一种子母弹，内含 32 枚反装甲 / 反人员双用途子弹，子弹可形成 900 块破片，能侵彻 70 毫米厚的钢甲板。炮尾装填式迫击炮可以行间瞄、直瞄射击，能发射榴弹炮弹药，据称发射一种 120 毫米口径的弹底排气弹时最大射程达 13 千米。

该炮具有三防性能，可在核、生、化条件下作战。

“阿莫斯”120 毫米双管自行迫击炮

搭载在瑞典 CV90 履带式步兵战车上的“阿莫斯”120 毫米双管自行迫击炮

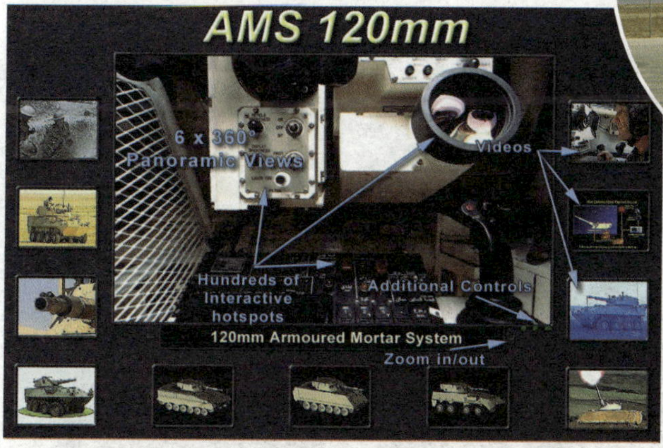

“阿莫斯”120 毫米双管自行迫击炮细节示意图

自行火炮的研制历程 瑞典“阿莫斯”120 毫米双管自行迫击炮

1999 年，由瑞典和芬兰共同研制的瑞典“阿莫斯”120 毫米双管自行迫击炮投产。

2000 年，首先装备芬兰陆军。此外，瑞典、丹麦、挪威三国也打算装备此炮，只是将配用各自选用的底盘。

火炮家族之王>>>瑞典“弓箭手”自行榴弹炮

“弓箭手”是 Archer 的中文意译，中文音译作“阿契尔”。“弓箭手”系统是一种注入了网络战概念和高新技术的新型火炮系统。瑞典“弓箭手”自行榴弹炮的主要功能是为陆军提供间接火力支援，其次是进行海岸防御。

瑞典“弓箭手”自行榴弹炮以最新一代沃尔沃 A30D 6×6 铰接全地形车为底盘，公路速度达 70 千米/时，行程达 500 千米。该装甲舱所提供的装甲保护至少可以达到 4569 标准的第三级，设计防护能力可以抵御 6 千克地雷对车轮的毁伤。

BAE 公司最新推出的“弓箭手”车载 155 毫米自行榴弹炮

“弓箭手”自行榴弹炮进行炮塔固定发射试验。

瑞典“弓箭手”自行榴弹炮堪称当今火炮家族中的“快炮手”，其可将20发待发炮弹在2.5分钟内全部打光。

“弓箭手”重约30吨，由于其巨大的重量和庞大的体积，无法由C-130运输机运输，只能由空中客车的军用A400M型运输机进行运输。现在正在研制一种弹药补给车，使用同样的底盘，车上可以装弹约100发。

舱内乘员包括1名驾驶员和3名操作员，全部在装甲舱内工作。3名操作员各自的计算机工作站都一样，在极端情况下，“弓箭手”可以由1名驾驶员和1名乘员操作。驾驶员拥有更多的包括导航系统在内的基本计算机装备，战车的操作性能更加优化。

炮弹弹舱可以容纳各种类型的155毫米炮弹20发（要求炮弹长度不超过1000毫米、重量不超过50千克）。另外，战车上还额外装载了20发炮弹，可通过人工对弹舱进行补充。“弓箭手”能够以9发/秒的速度在2.5分钟之内发射20发炮弹，发射ERFB-BB炮弹的射程约40千米，发射“神剑”炮弹的射程约60千米（“神剑”精确制导炮弹）。在车载火控系统控制下，它可让5发炮弹在3秒时间内几乎同时命中目标，使该系统对目标毁伤率大为提高。

为了实现近距离防护，“弓箭手”将与Lemur遥控武器站配合使用。该远程武器站由位于Karlskoga的BAE系统公司博福斯分公司设计制造，可能装有12.7毫米重机枪，使用泰利斯公司Celt 2小型护眼激光测距仪。

“弓箭手”火炮项目已进入最后阶段的研制，并进行两个营24门火炮的生产工作，初始交付工作于2009年开始，交付工作将持续两年。

东方第一火炮>>>

新加坡“普赖默斯”自行榴弹炮

在亚洲，新加坡军队的规模虽然很小，但是却装备有在该地区最先进的武器系统，“普赖默斯”自行榴弹炮便是其中典型的代表。

“普赖默斯”榴弹炮列装后受到有关方面的一致好评。据该炮的承包商新加坡技术动力公司透露，该炮的火力与尺寸/重量比率达到了一个新的标准，在机动性、火力和射击精度方面，没有其他同类火炮能够和它相媲美。虽然该公司的“溢美之词”尚待验证，但是“普赖默斯”榴弹炮将155毫米身管火炮的射程和火力与一种非常轻的履带式底盘结合起来，自然有其独到之处。

一套完整的“普赖默斯”系统主要由火炮系统、配套的弹药补给车和指挥车组成。在全装甲保护状态下，弹药补给车可直接向火炮提供弹药补给。其具有以下技术特点：

一是配用了炮载惯性导航系统（INS）和弹道计算软件，能够对自身的位置坐标和射击方向进行随机修正，从而使该炮在确定火炮阵地位置和计算射击诸元方面具备自主作战能力；

二是配用了指挥控制信息系统（CCIS），使该炮能够将自身的阵地信息传递给作战地区内的其他“普赖默斯”榴弹炮；

三是每门榴弹炮都和相关的连指挥所相连通。

新加坡国防部认为，该炮的列装，使新加坡陆军炮兵的作战能力上了一个新台阶。新加坡陆军炮兵司令林德发上校指出，该炮既满足了陆军对压制火炮的火力和防护能力的要求，也满足了对一定射程内的机动性和精度的要求。

“普赖默斯”自行榴弹炮的静态展示

“普赖默斯”采用了新加坡技术动力公司为新加坡陆军及国外用户而设计、研制和生产的牵引式火炮系统的技术，如FH-88型155毫米/39倍口径榴弹炮和FH-2000型155毫米/52倍口径榴弹炮（新加坡陆军是世界上第一支装备52倍口径155毫米牵引式榴弹炮的部队）。

“普赖默斯”自行榴弹炮的底盘是世界上应用最广的M109式155毫米自行榴弹炮的底盘。

自行火炮的研制历程 新加坡“普赖默斯”自行榴弹炮

20世纪90年代初，由新加坡武装部队、国防科技局和新加坡技术动力公司三方联合研发了一种名为SSPH1“普赖默斯”（Primus）的新型155毫米/39倍口径自行榴弹炮（“Primus”在拉丁文中是“第一”的意思，取自炮兵部队的拉丁文训言——“In Oriente Primus”，即“东方第一”）。

历经6年的联合技术开发，该系统已经研制成功并作为第一种全履带式自行榴弹炮于2003年11月正式装备新加坡陆军。

导弹

Part 3

中国有一句话叫做“百发百中”，而现代的战争正在离这个目标越来越近了。制导武器就是这样一种百发百中的武器。在制导武器中，发展最早、进展最快的是导弹。

什么是导弹呢？

简单地说，导弹是一种依靠自身动力装置推进，由制导系统导引、控制其飞行路线并导向目标的武器。较之其他武器，导弹具有射程远、速度快、精度高、威力大等特点。

德国V1导弹

V1导弹是一种外形酷似飞机的导弹，弹翼在中间。在飞行时，V1导弹靠装在其身上的可调的转数计数装置和其他控制元件相配合控制导弹的飞行方向。当导弹飞到目标上空时，自身的计数装置驱动降落系统开始工作，导弹向下俯冲，在距离目标一定高度后，启动引信，导弹爆炸。由于V1的工作原理与现代的巡航导弹很相似，所以也有人称它为最早的巡航导弹。

主要诸元：

最大有效射程→*200千米*

弹长→*7.73米*

弹径→*0.82米*

发射重量→*2200千克*

翼展→*5.35米*

战斗部重→*850千克*

飞行速度→*480~675千米/时*

飞行时间→*20~25分钟*

发射后的巡航高度→*1000~1200米*

地下基地中组装好的V1导弹

V1导弹的研制背景

V1导弹在德国内部其实很早就开始研制了。1933年首先进行了发动机的研制，后来由于战争爆发，部队科研部门要将更多的力量投入到其他常规武器的研究和改良当中，因此直到1942年6月19日，德军才将V1导弹的整体的研制工作交由空军参谋工程师勃列埃领导，在德国的佩内明德展开工作。

这位德国的工程师不负众望，在1942年12月24日，首次成功地进行了飞行试验，并计划在一年后投入使用。但是其工程人员在研究发射计划时被兵工厂里强制服劳役的法国人发现，他们立刻将情报送到了盟军司令部，结果导弹试验发射阵地遭到了盟军飞机的“特别照顾”，不少发射设施和研究场地被无情地炸毁，德国工程师不得不重新制造其部分部件，建立发射中心，并计划在1944年2月15日作实弹发射。

同年3月，V1终于得以进入大规模批量生产。然而此时的德军已经渐渐失去了欧洲战场的制控权，暴露在露天的发射阵地再一次吸引了盟军的轰炸机，这一次，发射平台几乎全部被毁。眼看着自己的强势武器一再被摧毁，加上盟军诺曼底登陆的成功，德军统帅部终于不再犹豫，决定使用这种武器，让它直接在实战中接受考验。

美国“和平保卫者”地地导弹

主要诸元：

射程→*11100 千米*

圆公算偏差→*90 米*

弹长→*21.6 米*

弹径→*2.34 米*

弹重→*86400 千克*

弹头重→*2578 千克*

子弹头重→*194 千克*

“和平保卫者”地地导弹是美国大型固体洲际弹道导弹，导弹代号 MGM-118A，原名先进洲际弹道导弹，即 MX 导弹。

主承包商是马丁·马丽埃塔公司，MX 导弹计划的总费用达 332 亿美元，每枚导弹的费用约为 6637 万美元（1983 财政年度的美元值）。

导弹由弹头和弹体组成。弹头包括子弹释入舱、10 枚 MK21 核弹头和整流罩，弹体分四级，前三级为固体火箭发动机，第四级为液体火箭发动机，导弹采用惯性制导方式。

“和平保卫者”洲际弹道导弹装载的 W-87 型核弹头当量在 335000 吨，其圆公算偏差值在 90 米，可以说是现今最精确有效的弹头。它被认为有足够的能力摧毁任何强化工事目标，包括特别强化的陆基洲际弹道导弹掩体及首长的防护掩体。

导弹的研制历程 美国“和平保卫者”地地导弹

1971 年，由战略空军司令部提出研制。

1973 年，成立 MX 导弹计划局，开展预先研究工作。

1976 年 3 月，进入方案论证阶段。

1979 年 9 月，开始全面工程研制。

1983 年 6 月 17 日，作第一次研制性飞行试验。

1986 年，开始部署。

“和平保卫者”弹道导弹是美国大型固体洲际弹道导弹。

美国“大力神”Ⅱ地地导弹

“大力神”Ⅱ导弹是在美国第一代战略导弹“大力神”Ⅰ战略导弹基础上，研制的一种两级液体燃料单弹头洲际弹道导弹，编号LGM—25C。该弹由洛克希德·马丁公司研制，主要用于攻击地面目标。属美军美国第二代战略导弹，是美国核武器库中保存最久的一种液体燃料战略导弹。

“大力神”Ⅱ导弹发射井建在山区，全部由钢筋混凝土浇筑而成，整个发射装置全部由液压系统操纵。

进入发射井时需经过5道安检门，其中有两道钢门都厚达30厘米，每扇门重达3吨。在每道门前都先要与值班人员通过电话联系才可打开。其中1道门还需报出由6位数字组成的一组密码才能进入，这组密码只可使用一次，用完立即注销。根据规定，控制室内任何时候都必须有两人共同值班，发射时，必须两人的钥匙同时拧动，才能启动控制设备。

发射井由控制中心、通道与防火区和导弹井三个地下部分组成。

根据设计，1枚“大力神”导弹在发射35分钟后就能击中目标，而导弹头内的核爆炸装置，能毁灭一座有100万人口的城市。这些战略导弹在历史上都只发挥过战略威慑作用而没有真正投入实战。

导弹的研制历程 美国“大力神”Ⅱ地地导弹

1960年6月，开始研制。

1963年12月，首次部署。

1982年10月，开始执行退役计划，以每月一枚导弹的速度撤出。

1987年底，全部退役。

美军“大力神”战略导弹基地

“大力神”Ⅰ型战略导弹

发射井里停放的“大力神”导弹

“大力神”Ⅱ型战略导弹发射

美国“民兵”Ⅲ地地导弹

主要诸元：

射程→*9800~13000 千米*
弹长→*18.26 米*
弹径→*1.67 米*
起飞重量→*35.4 吨*
命中精度→*185~450 米*

导弹的研制历程	美国“民兵”Ⅲ地地导弹
1966 年，开始研制。 1970 年，装备部队。	

“民兵”地地导弹是一种比“和平保卫者”略小的三级火箭系统，其最新的改进型“民兵”Ⅲ可以携带3个核弹头。但根据1992年美国签署的武器控制公约，“民兵”的核弹头已经减少到1个。

目前在美国的核武器库当中，大约有500枚的“民兵”Ⅲ洲际弹道导弹。艾里斯海军上将称，今后“和平保卫者”退役，“民兵”Ⅲ将成为美国唯一的陆基可携带核弹头的洲际弹道导弹。

更新后的“民兵”Ⅲ发动机

“民兵”Ⅲ洲际弹道导弹

“民兵”Ⅲ洲际弹道导弹发射试验

洲际弹道导弹

射程大于8000千米的远程弹道式导弹称为洲际弹道导弹。它是战略核力量的重要组成部分，主要用于攻击敌国领土上的重要军事、政治和经济目标。

1957年8月，苏联首次试射成功第一枚SS-6洲际弹道导弹。美国第一枚洲际弹道导弹“宇宙神”于1959年开始装备。

洲际弹道导弹早期大多采用液氧和煤油作推进剂，液氧容易蒸发，使用很不方便，后来都改用可储液体推进剂或者固体推进剂。美国20世纪60年代中期以后研制的洲际弹道导弹都采用固体推进剂，苏联装备的洲际弹道导弹多数采用可储液体推进剂。为了突破反导系统的拦截，70年代美苏又分别研制成功带分导式多弹头的洲际弹道导弹，并大量装备，不仅增强了突防能力，还可打击多个目标。

美国“侏儒”地地导弹

“侏儒”地地导弹是美国空军研制的第五代战略弹道导弹，主要用于攻击对方导弹发射井等硬军事目标。采用轻型高级惯性参考球加中段和末段修正制导，使用两级或三级固体火箭发动机，配备MK21单弹头。单弹头内装有先进的突防装置，可自行机动以避开反弹道导弹的拦截。导弹用全封闭式加固的机动发射车运输，以公路机动发射为主。

“侏儒”的性能在MX导弹的基础上作了大量改进，特别是在提高核攻击下生存能力方面优于MX导弹。该导弹体积小、投掷重量轻，弹头有先进的突防装置，可自行机动，以避开反弹道导弹的拦截，能精确命中目标。在美俄签署的《第二阶段削减战略武器条约》(START II)中被保留下来，它将是21世纪美国陆基战略导弹的主战导弹之一。

主要诸元：

射程→*12000千米*

圆公算偏差→*146~182米*

弹长→*16.15米*

弹径→*1.17米*

弹重→*16800千克*

核弹头当量→*50万吨*

枪械的研制历程 美国“侏儒”地地导弹

1983年，开始研制。

1992年，导弹试飞成功。

1992年3月，“侏儒”的研制计划停止。

“侏儒”战略弹道导弹机动发射车

“侏儒”固体洲际导弹是美国在1983年开始研制的第五代战略弹道导弹。

美国“潘兴”Ⅱ地地导弹

主要诸元：

射程→*160~1800 千米*
弹长→*10 米*
弹径→*1 米*
弹重→*7200 千克*
核弹头重→*约 1360 千克*
弹头当量→*1~2 万吨*
圆公算偏差→*约 40 米*
公路机动速度→*60 千米/时*

“潘兴”Ⅱ地地导弹是美国陆军装备的武器，主要用于打击华约国家的指挥所和交通枢纽等目标。导弹配有集束式常规弹头（装 76 个子弹头）和核弹头，采用惯性和雷达区域相关制导系统和两级固体火箭发动机，发射设备主要有运输发射车、发射控制车和制导设备车等。该导弹属《苏美两国消除中程和中短程导弹条约》规定销毁之列，已退出现役。

美国“潘兴”Ⅱ和“潘兴”Ⅰ地地战术导弹

潘兴其人

约翰·约瑟夫·潘兴（1860—1948），美军历史上第一位五星上将。1886 年，毕业于美国西点军校。1904—1905 年，任驻日本武官。1916—1917 年，率领 1.2 万名美军出兵墨西哥。1917 年，美国参加第一次世界大战后，担任美国驻欧洲远征军司令，跨洲渡洋，成为大战中的美军英雄。大战最后阶段，参加了圣米耶勒和马斯——阿贡讷战役。1919 年，晋升为陆军五星上将，1921 年，任陆军参谋长。1924 年，退役。

导弹的研制历程 美国“潘兴”Ⅱ地地导弹

1983 年，开始在德意志联邦共和国部署 108 枚。
1985 年，在美国本土部署 42 枚。

俄罗斯SS-18地地导弹

SS-18“撒旦”地地导弹是SS-9导弹的后续型式，北约称其“撒旦”。事实上，当1987年美国泰坦Ⅱ型导弹服役之后，在体积与投掷重量上，SS-18地地导弹都远大于任何已部署的陆基洲际弹道导弹。共发展了6种型号。早期型号（I、II、III型）的SS-18地地导弹携带当量为1800~2500万吨的单弹头，在1983—1984年间被携带10个分导式多弹头的SS-18 IV型导弹取代。SS-18 IV型导弹从1980年开始部署，到1984年苏联共有308枚SS-18 IV型导弹。1988年之后，SS-18 IV型导弹部分被SS-18 V型导弹代替。

主要诸元：

射程→*Ⅰ型/2000千米；*
Ⅱ、Ⅳ型/11000千米；
Ⅲ型/16000千米。
圆公算偏差→*260米*
发射重量→*78000千克*
投掷重量→*7575千克*
发射方式→
二节推进；液态燃料；冷射

枪械的研制历程 俄罗斯SS-18地地导弹

20世纪60年代末期，发展成功。

20世纪70年代，开始部署经整修及升级的前SS-9导弹的掩体中。

20世纪80年代初期，再度改良。

SS-18地地导弹在20世纪60年代末期发展成功，由于其大当量、高精度和分导式多弹头的特点，具有很强的打击硬目标能力，被认为是第一次打击武器。

SS-18地地导弹发射瞬间

俄罗斯“白杨-M”地地导弹

主要诸元：

射程→*10000多千米*

导弹长→*22.7米*

弹体直径→*1.95米*

弹头重→*1.2吨*

发射重量→*47.2吨*

“白杨-M”地地导弹是一种使用固体推进剂的三级洲际弹道导弹，装备有惯性自动制导系统，可进行固定发射井和水下机动发射，俄计划从2000年起每年部署35~40枚这种新型导弹，同时逐步淘汰旧式导弹。

导弹的研制历程 俄罗斯“白杨-M”地地导弹

20世纪80年代后期，开始研制。

1994年12月20日，“白杨—M”地地导弹进行了首次试射。

1997年7月8日，在普列谢茨夫靶场“白杨—M”地地导弹进行了第四次发射试验，也是定型前的最后一次发射。

2000年，开始部署。

“白杨-M”洲际弹道导弹发射。

“白杨-M”洲际弹道导弹

俄罗斯“飞毛腿”地地导弹

“飞毛腿”是北约国家给它起的名字，美国人则叫它 SS–1 型导弹。行军状态导弹发射架横置在坦克顶部，使用时向车体后方倾转，直立于地面。它采用单级液体燃料火箭推进，核爆炸的威力相当于 20 万吨 TNT 当量炸药。

“飞毛腿”导弹有一个致命的弱点，就是精度太差。一般报道它的圆公算偏差范围为 300 米，实际上在战场上使用时偏差竟已达到了 1000 米以上。后来在海湾战争中证明，不仅其射击精度实在令人失望，而且性能很不稳定。除一小部分被“爱国者”导弹拦截外，大部分在发射后不是大大偏离目标，就是在飞行途中无故爆炸或者干脆突然消失，直到人们在某个偏僻角落发现了一个大坑和其残存的弹片。

主要诸元：

最大射程→*160 千米*

最小射程→*80 千米*

弹径→*840 毫米*

弹长→*约 10.4 米*

发射车→

斯大林Ⅱ型坦克改装而成

最大飞行速度→*5 倍的声速*

配用的战斗部→

常规战斗部 /700 千克

核战斗部 /400 千克

导弹的研制历程 俄罗斯“飞毛腿”地地导弹

第二次世界大战后，苏联以德国 V2 火箭为原型开始研制。

1957 年，首次出现在的莫斯科红场阅兵仪式上。

装载的“飞毛腿”导弹

俄罗斯 SS-4 地地导弹

主要诸元：

弹长→*21 米*

弹径→*1.65 米*

起飞时全重→*27.2 吨*

最大射程→*1930 千米*

制导方式→*惯性制导*

弹头重→*1360 千克*

命中精度→*2300 米*

反应时间→*60~90 秒*

发射方式→
地面阵地或发射井发射

SS-4 弹道导弹是苏联研制的第一代加装液体燃料的中程弹道导弹，是 SS-3 的衍生型，北约组织代号为 SS-4“凉鞋”。SS-4 比 SS-3 长，在射程上要远一倍，能携带热核弹头，也可携带常规弹头。整个导弹由弹头、仪器舱、氧化剂箱、燃料箱和尾段连接成一个整体。弹头呈锥形，内部是装药战斗部。仪器舱用于放置惯性制导系统的各种仪器和其他组件。推进剂为硝酸/煤油可贮推进剂，存放在氧化剂箱和燃料箱内，尾段为圆筒形壳体，下部稍向外扩张。尾段外侧装有 4 个三角形尾翼，尾段内部装有一台四燃烧室的 PII-214 型液体火箭发动机。

导弹可以从地面固定阵地发射或机动发射。机动发射时，整个武器系统约由 12 辆专用车辆组成，包括带特制拖车的牵引车。这些车辆上装有推进剂和各种地面辅助设备。在发射阵地起竖和发射导弹约需 20 名工作人员。SS-4 弹道导弹从软阵地发射时，具有再装填能力，它也可部署在硬阵地上，但没有再装填能力。

这种单级导弹，若从与美国近在咫尺的古巴发射，美国首都华盛顿、经济中心纽约、战略空军司令部、甚至南部的巴拿马运河都将在其打击范围之内。

导弹的研制历程 俄罗斯 SS-4 地地导弹

1955—1957 年间，SS-4 弹道导弹开始研制。

1959 年，开始装备部队。

1961 年，首次公开展出。

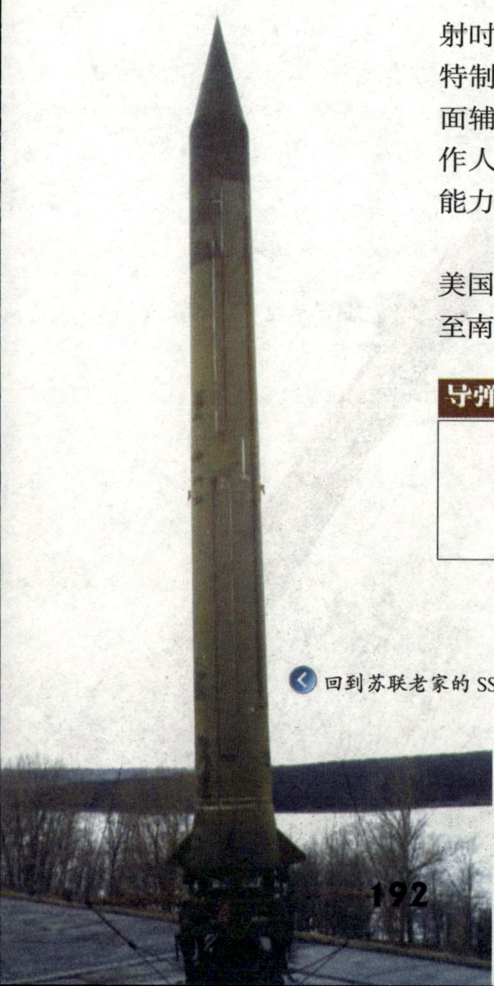

回到苏联老家的 SS-4 弹道导弹

美国“爱国者”地空导弹

美国“爱国者”地空导弹

主要诸元：

最大射程→*80 千米*

最大射高→*24000 米*

弹重→*800 千克*

雷达作用距离→*150 千米*

“爱国者”是机动式全天候多用途中远程防中高空导弹系统，配备世界最先进的 AN/MPQ-53 相控阵雷达，导弹采用无线电指令与“经由导弹跟踪”相结合的制导方式，配破片战斗部或核战斗部，动力装置为单级固体燃料火箭。现已研制成“爱国者”PAC-2，并正在研制“爱国者”PAC-3。

导弹的研制历程 美国“爱国者”地空导弹

1967 年，开始研制。

1970 年，首次进行试验。

1980 年，服役。

1982 年，制成。

1984 年，开始装备部队并服役。

1991 年，在海湾战争中首次实战应用。

海湾战争中，“爱国者”PAC-2 曾用于拦截“飞毛腿”地地战术导弹，开创了在实战中以地空导弹成功拦截弹道导弹的先例。

“爱国者”地空导弹

“爱国者”是机动式全天候多用途中远程防中高空导弹系统。

美国“复仇者”地空导弹

主要诸元：

最大射程→*5000米*

弹长→*1.52米*

弹径→*0.07米*

翼展→*0.09米*

最大射高→*3000米*

系统全重→*3.9吨*

方向射界→*360度*

高低射界→*−10~+70度*

发射方式→*地面车载机动*

制导方式→*光学或前视红外探测加红外被动寻的*

动力装置→*两台固体火箭发动机*

“复仇者”是新研制的全天候防空系统，主要掩护该师的后方地域。

全系统包括装在两个发射架上的8枚“毒刺”导弹、单人陀螺稳定发射塔和“哈默”轮式车底盘。

车上配有前视红外装置、激光测距机、光学瞄准镜和用于自卫的12.7毫米机枪。这是美国陆军第一种具有“打了就不用管”能力的防空系统，在海湾战争中首次实战使用。

导弹的研制历程 美国“复仇者”地空导弹

1983年5，月提出方案。

1984年，完成研制和改进，并进行发射试验。

1985年，开始批量生产，陆续装备陆军。

“复仇者”主要用于车载近程地空导弹，一般部署于野战部队执行中低空防空任务。

导弹分类表

按发射点和目标位置分	攻击地面目标的导弹	地地导弹	地地巡航导弹 地地弹道导弹
		潜地导弹	潜地巡航导弹 潜地弹道导弹
		空地导弹	空地巡航导弹 空地弹道导弹
		反坦克导弹	
		反雷达导弹	
	攻击地面目标的导弹	潜地导弹	地空导弹 舰（潜）空导弹 空空导弹
		反导弹导弹	高空拦截导弹 低空拦截导弹
		反卫星导弹	
按发射点和目标位置分	攻击水域目标的导弹	反舰导弹（海防导弹）	岸舰导弹 舰（潜）舰导弹 空舰导弹
		反潜导弹	舰潜导弹 潜潜导弹 空潜导弹
按作战使用分		战术导弹 战略导弹	
按飞行方式分		巡航导弹 弹道导弹	
按射程分		近程导弹 中程导弹 远程导弹 洲际导弹	

俄罗斯C-300地空导弹

俄罗斯 C-300 地空导弹系统是一种全天候、多通道、机动式中远程防空导弹系统，北约称其为 SA-10 。该系统的研制单位为“金刚石” 科研生产联合体，导弹的研制单位为火炬设计局。先后研制和装备有 C-300 п 、C-300 B 和 C-300 Φ 三种型号。

俄罗斯 C-300 地空导弹系统与美国的“爱国者”导弹相比，具有如下特点：

1. 采用垂直发射技术。
2. 使用轮式车载，地面机动能力强。
3. 杀伤威力大。
4. 整体反战术弹道能力更好。
5. 可同时引导 12 枚导弹攻击 6 个目标。

主要诸元：

型号→
C-300 п、C-300 B 和 C-300 Φ

最大射程→
47 千米、90 千米、150 千米

弹径→
450 毫米、508 毫米、515 毫米

最大射高→
25 千米、25 千米、27 千米

制导方式→
指令 +TVM+ 惯性制导

引信→
无线电近炸，触发引信

动力装置→
单级固体推进剂火箭发动机

俄罗斯 C -300 地空导弹平时四联平放

俄罗斯 C -300 地空导弹

地空导弹

地空导弹通常也称防空导弹，按对空作战空域可分为低空、中空和高空；按载体可分为单兵携载或地面车载；按作战用途分国土防空导弹和野战防空导弹；按攻击目标可分为反飞机防空导弹、反飞机反导通用型防空导弹、反导专用型防空导弹、反卫星专用防空导弹、反辐射专用型防空导弹。

导弹的研制历程　俄罗斯C-300地空导弹

20 世纪 70 年代后期研制。

1980 年，基本型交付部队使用。

俄罗斯SA-2地空导弹

主要诸元：

弹长→*10.79米*

弹重→*2375千克*

装烈性炸药→*118千克*

最大射程→*48千米*

最远射高→*32千米*

最小高度→*1千米*

飞行速度→*4马赫数*

SA-2地空导弹西方将其称之为"萨姆-2"，是苏联第一代防空导弹系统，属中、高空防空导弹。该导弹采用1台液体燃料发动机和1台固体燃料助推器。主要担负国土和要地防安任务，重点对付远程轰炸机和侦察机。20世纪60年代曾以击落U-2侦察机而闻名世界，越南战争时期也击落过不少B-52轰炸机。

但总体上其技术已经落后了：由于采用液体发动机，作战准备时间长，效能低；导弹操作过程复杂，反应速度慢，抗干扰性能差；发射架是固定的，每个发射架一次只能发射一枚导弹，由于过于笨重，很难改成自行式的。作战中一般3枚导弹射击一个目标。

海湾战争中被摧毁的伊军SA-2防空导弹阵地

导弹的研制历程 俄罗斯SA-2地空导弹

1953年，研制。

1957年，开始装备苏联防空部队。

苏联研制的SA-2地空导弹是第一代全天候中程、高空地空导弹。

俄罗斯 SA-6 地空导弹

SA-6 防空导弹采用固体 - 冲压组合式。

主要诸元：

弹长→5.85 米

弹径→ 0.34 米

射程→5 ~ 25 千米

作战高度→0.06 ~ 10 千米

最大飞行速度→2.2 倍声速

SA-6 又音译为萨姆 -6 导弹。主要用于野战防空，对付亚声速、超声速飞机和巡航导弹。全套武器系统分装在两辆履带车上，一辆为 3 联装导弹发射车，一辆为制导雷达车。制导方式为全程半主动雷达寻的制导，导弹战斗部为破片杀伤型，总重 57 千克，装药 40 千克，爆炸破片约 3000 块，杀伤半径 18 米，单发杀伤概率为 80%，作战反应时间 30 秒。制导雷达采用多波段、多频率工作，抗干扰能力强；导弹采用固 - 冲组合发动机，比冲高。

导弹的研制历程 俄罗斯 SA-6 地空导弹

20 世纪 50 年代末，开始研制。

20 世纪 60 年代中期，装备苏联部队。

中东战争中的 SA-6 地空导弹

俄罗斯SA-18地空导弹

主要诸元：

弹长→*1670毫米*
弹径→*72毫米*
弹重→*17千克*
最小有效射高→*10米*
战斗部→*高爆杀伤，1.27千克*
配用引信→*触发和瞬发引信*

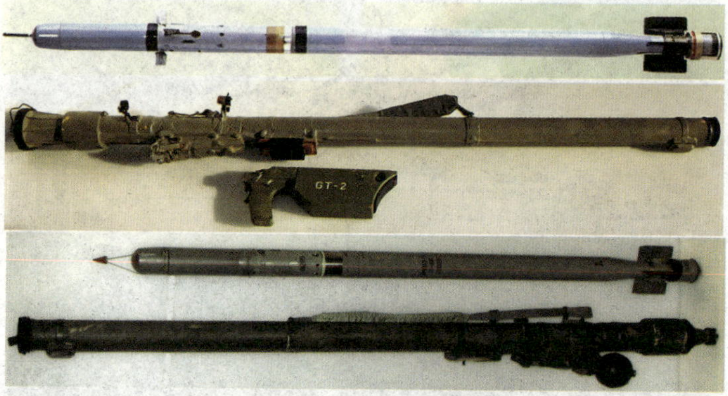

SA-16和SA-18地空导弹和发射器

装甲车队中一名扛着SA-18地空导弹的士兵。

SA-18地空导弹是苏联研制的第三代便携式、红外线制导近程防空导弹系统。苏联命名为"针-m"，系统代号9M39。主要用于对付从低空、超低空进入的各种飞机和直升机，由苏联机械设计局研制。

SA-18地空导弹于1983年研制成功，装备部队，并出口到许多国家。由于具有较好的抗红外线人工干扰能力，很快地取代了SA-16地空导弹。除了陆军单兵使用之外，SA-18地空导弹另有车载型，还可用于装舰船、武装直升机，以提高作战时的火力密度和机动性，扩展武器的使用范围。

系统采用鸭式气动布局，细长圆柱形弹体具有半球形钝头和收缩尾段，为了减小超声速飞行时的波阻，前端设置有针状杆。全弹分为红外线导引头、控制、引信战斗部及发动机4个舱段。

武器系统由装筒导弹、发射机构和地面能源组成。

导弹的研制历程 俄罗斯SA-18地空导弹

20世纪70年代初，开始研制。
1979年，投入使用。

美国“龙”反坦克导弹

“龙”反坦克导弹是美军1974年装备的第二代单兵便携、肩射反坦克导弹，主要用于中距离反坦克，可攻击坦克、步兵战车和其他装甲车辆，也可攻击野战工事等目标。

导弹的动力装置为向后斜置于弹体上的60个小型固体燃料火箭发动机。

“龙”反坦克导弹由三部分组成：前部为战斗部，中部为发动机，后部为控制舱。中部壳体上装有60个小固体燃料发动机，为导弹提供推力和控制力。导弹的飞行偏差由尾部红外信号发生器发出，光学跟踪的红外测角仪接到信号后，将偏差信号送给导弹上的计算装置，从而控制小发动机点火以调整导弹的飞行方向。

“龙”反坦克导弹射程近、威力小，其改进型“龙”Ⅱ、“龙”Ⅲ的射程和威力都有大幅度提高。

主要诸元：

弹长→746毫米
弹径→114毫米
弹重→6.13千克
破甲厚度→500毫米
射程→25~1000米
系统全重→13.47千克

美军肩扛的“龙”反坦克导弹

导弹的研制历程 美国“龙”反坦克导弹

1964年，研制。
1976年，列装。

美国“龙”反坦克导弹是美第二代单兵便携、肩射反坦克导弹。

美国“龙”反坦克导弹射程近、威力小。

美国“标枪”反坦克导弹

“标枪”反坦克导弹是美国的第四代反坦克导弹，取代现装备的“龙”导弹，能有效打击最新式的坦克目标。

“标枪”反坦克导弹，采用技术最先进的红外热成像制导方式真正具备“打了就不用管”能力，即导弹发射后能自动跟踪攻击目标，不需任何人为干预。

与其他反坦克导弹相比，“标枪”反坦克导弹发射时噪声较小，温度较低，易于携带和操作。其两段式推力设计，有效减少火焰和烟雾。而其红外线热影像导引功能，使它具有自动追寻目标的特征。导弹发射器装有昼间望远镜和夜间红外瞄准器，可使用弹道攻击方式自动跟踪和瞄准坦克、装甲车等目标，也可采取直瞄射击的方式对直升机和地下掩体实施攻击。

另外，它还有两大特征：一是并排的双弹头设计，一个弹头负责炸毁目标的表层防护，另一个弹头负责穿透装甲深入破坏；二是“直线攻击”和“顶部攻击”的调节开关设计，前者用以对付坚固掩体，后者专门用来对付坦克，特别是精准攻击坦克的顶部。

“标枪”反坦克导弹操作非常简单，可于30秒内完成发射准备，发射后重新装填导弹只需20秒钟，大大提高了步兵的战斗力与战场存活率。

主要诸元：

射程→*50~2000米*

弹长→*1220毫米*

弹径→*127毫米*

弹重→*12.1千克*

系统全重→*22.6千克*

导弹的研制历程 美国“标枪”反坦克导弹

20世纪80年代中期，开始研制。

1992年8月，“标枪”导弹进行首次试验并取得成功。

1994年，量产。

1996年，开始部署于乔治亚州的本宁堡陆军基地。

“标枪”是目前世界上性能最优异的反坦克导弹。

反坦克导弹

反坦克导弹是第二次世界大战末期研制成功的小型制导武器，于20世纪50年代中期由法国率先投入使用，继而在众多国家掀起研制高潮。它的问世标志着反坦克武器从“无控”时代进入“有控”时代。

半个多世纪以来，反坦克导弹经历了“四代”发展，战术技术性能数据显著提高，已成为世界各国反坦克武器的主体。第一代导弹需要射手同时瞄准目标并控制导弹，已被淘汰；正在服役的主要是第二、三代及其改进型，它们只要射手瞄准目标或以激光器照射目标即可；第四代绝大多数正处于研制中，“打了就不用管”是其基本特征。

日本79式“重马特”反坦克导弹

“重马特”是日军1976年装备的第二代重型远程反坦克导弹，既可攻击地面坦克装甲车，也可在反登陆作战中攻击小型登陆舰艇，起到海岸炮的作用。

导弹采用目视瞄准，红外自动跟踪、有线传输指令制导方式。

主要诸元：

最大射程→4000米
弹长→1565毫米
弹径→152毫米
弹重→30千克
系统全重→103千克
破甲厚度→500毫米

老式“马特”反坦克家族

第一代反坦克导弹，于1964年研制成功，称为64式“轻马特”反坦克导弹（ATM-1）。64式“轻马特”是第一代中程反坦克导弹，主要供步兵使用，可由步兵从单发或多联装发射架上发射，也可装在轻型车辆或直升机上发射。

随后，日本又着手研制第二代重型远程反坦克导弹，并于1984年装备部队，称为79式“重马特”反坦克导弹。

接着，日本防卫厅技术研究部于1988年研制出一种半主动激光制导反坦克导弹，本想冠以“超级马特”之称，但又担心姿态过高会为国际社会所诟病，因此称之为87式“中马特”反坦克导弹。该型导弹作为64式“轻马特”的替代型导弹，1988年装备部队，目前已成为日本陆上自卫队反坦克导弹的主力。

日本79式“重马特”反坦克导弹

图书在版编目(CIP)数据

世界陆军武器图鉴/ 郭漫主编. —北京: 航空工业出版社, 2010.4(2022.1 重印)

ISBN 978-7-80243-481-3

Ⅰ.世… Ⅱ.郭… Ⅲ.陆军—武器装备—世界—图集 Ⅳ.E92-64

中国版本图书馆 CIP 数据核字 (2010) 第 059326 号

世界陆军武器图鉴

Shijie Lujun Wuqi Tujian

航空工业出版社出版发行

(北京市安定门外小关东里 14 号 100029)

发行部电话:010-64815521 010-64978486

三河市燕春印务有限公司印刷 全国各地新华书店经售

2010 年 4 月第 1 版 2022 年 1 月第 3 次印刷

开本:787×1092 1/16 印张:13 字数:290 千字

印数:17001—22000 定价:48.00 元